智慧管网成熟度评价方法及应用

刘 硕 杨玉锋 李 睿◎等编著

石油工业出版社

内容提要

本书围绕智慧管网建设目标，面向智慧管网的智能化水平评价方法研究，通过全面归纳总结国内外重点智能化技术领域现状和可借鉴的智慧城市、智能电网等行业智能化发展经验，建立智慧管网评价体系，通过综合分析影响智慧管网建设水平的要素，基于成熟度理论建立多维度、多因素的智慧管网评价模型和评价指标体系，全面评价管道智能化水平，以识别智慧管网建设中的短板，针对性地开展智能化提升工作，并提供一个实际应用案例，综合展示了评价实施全过程。

本书可供管道运营人员使用，也可供油气管道科研及管理人员参考。

图书在版编目（CIP）数据

智慧管网成熟度评价方法及应用 / 刘硕等编著．
北京：石油工业出版社，2025.5. -- ISBN 978-7-5183-7199-0

Ⅰ．TE973-39

中国国家版本馆 CIP 数据核字第 2024GP5168 号

出版发行：石油工业出版社
（北京安定门外安华里 2 区 1 号楼　100011）
网　　址：www.petropub.com
编辑部：（010）64523736　图书营销中心：（010）64523633
经　　销：全国新华书店
印　　刷：北京中石油彩色印刷有限责任公司

2025 年 5 月第 1 版　2025 年 5 月第 1 次印刷
787×1092 毫米　开本：1/16　印张：8.5
字数：163 千字

定价：100.00 元
（如出现印装质量问题，我社图书营销中心负责调换）
版权所有，翻印必究

《智慧管网成熟度评价方法及应用》

编 写 组

组　长：刘　硕　杨玉锋　李　睿

成　员：祁惠爽　孙　伟　李　莉　宋雪峰　张希祥　李　杨

　　　　杨宝龙　高海康　富　宽　刘　昊　张　强　杨　宏

　　　　郑健峰　魏然然　王亚楠　汤　怡　韩小明　石建成

　　　　李守宝

PREFACE

  智慧管网建设是一项跨行业、跨技术领域的系统工程，涉及技术要素、应用领域众多。当前智慧管网在油气管道智能化建设、运行和在役管道升级等方面已经取得了一定的成熟经验，如中缅油气管道、中俄东线天然气管道等，但各条长输管道仍存在智能化水平不一，性能、功能指标不统一，管理运行难度大等问题。因此，有必要结合管道业务管理模式和工程建设实际，在对智慧管网建设产生重大影响的原则问题上形成科学统一的认识，建立可以系统评价智慧管网智能化水平的方法，对智慧管网更高质量的系统推进起到支撑作用。

  本书的核心内容是作者团队自2021年以来的课题研究与实际工作经验的总结。本书分六章，第一章为绪论，第二章重点介绍智慧管网建设需要的大数据、云计算、物联网等重点技术领域的技术体系及能力成熟度评价理论、方法、标准、案例等，为评价智慧管网智能化水平寻求理论指导；第三章重点介绍智能制造、智慧城市、智能电网等智慧化建设相关重点工业领域的智能化水平评价方法，为评价智慧管网智能化水平提供方法参考；第四章介绍了智慧管网智能化体系架构及关键技术基本情况，重点介绍成熟度评价方法的指标体系、评价模型、等级划分和评价流程等具体内容，明确评价智慧管网智能化水平所用方法；第五章重点介绍智慧管网成熟度评价方法的落地实施，提供了天然气长输管道的典型应用案例；第六章为总结与展望。

  本书为智慧管网评价技术领域的首本专著，较为综合、全面地介绍了各重点领域、行业为智慧油气管网所用的能力评价体系与方法，并紧密结合了油气长输管道的特点。评价指标体系覆盖了管道全生命周期，所述评价方法的系统性、可实施性较强，图文并茂且通俗易懂，适合油气管道运营、科研工作者阅读。

  本书作者水平有限，不当之处在所难免，敬请读者批评指正。

目录
CONTENTS

第一章 绪论 ·· 1

第二章 智能化基础技术成熟度评价方法 ···································· 3
 第一节 能力成熟度评价基础模型 ··· 3
 第二节 物联网技术体系及评价方法 ·· 26
 第三节 大数据技术体系及评价方法 ·· 32
 第四节 云计算技术体系及评价方法 ·· 34

第三章 工业领域智能化成熟度评价方法 ·································· 39
 第一节 国际工业领域智能化成熟度评价模型 ························· 39
 第二节 智能制造成熟度评价方法 ··· 46
 第三节 两化融合发展成熟度评价方法 ····································· 52
 第四节 智慧城市成熟度评价方法 ··· 55
 第五节 智能电网成熟度评价指标体系 ····································· 62

第四章 智慧管网成熟度评价方法研究 ······································ 65
 第一节 智慧管网智能化技术 ··· 65
 第二节 智慧管网智能化成熟度评价方法 ································· 80

第五章 天然气长输管道智能化成熟度评价应用案例 ············ 89
 第一节 项目背景 ··· 89
 第二节 管道及作业区现状 ··· 90
 第三节 评价实施 ··· 99

第六章 总结与展望 ··· 112

附录　智慧管网成熟度评分指标体系 113
附录1　技术评价要素 113
附录2　人员评价要素 118
附录3　资源评价要素 119
附录4　业务评价要素 120

参考文献 125

第一章

绪 论

管道运输是现代交通运输体系的重要组成部分,与公路、水路、铁路、航空并称为世界五大运输方式。从1958年建成第一条原油管道——克拉玛依油田至独山子炼厂管道开始,我国的油气管道运输业走过了67年的发展历程,实现了从无到有、从小到大的跨越式发展,基本形成"横跨西东,纵贯南北,覆盖全国,联通海外"的油气管网格局。油气管道建设和运营企业始终坚持用科技和数字化推动转型发展,围绕打造智慧生态管网,推进管道建设、运营管理、服务流程、风险管控等与物联网、云计算、大数据融合发展,实现资源方、客户方、输送方和消费者数据共享、生态共融、产业升级,智慧管网的理念也应运而生。

智慧管网是基于工业互联网平台,在智能管道基础上建成油气流、数据流、信息流互联互通的油气管网系统,形成具备泛在感知、自适应优化能力的新型管网基础设施;建成与实体管网精准映射、同生共长的数字孪生管网;建立油气管网知识体系和"管网大脑",形成综合智能辅助决策平台;支撑以数据和知识为核心的数字化、智能化和平台化管理的油气管网系统。

在油气管网规模建设过程中,管道业务的"标准化、模块化、信息化"水平不断提高,已完成从传统管道向数字管道的转变,实现了设计数字化、施工机械化、物采电子化、管理信息化。随着大数据、云计算、物联网等新一代信息技术日趋成熟,为智慧管网建设奠定坚实基础。传统管道的特点是管理以人为主、工艺过程自动采集与监控;通过信息化建设,数字管道实现了管道及周边环境资料数字化、可视化,以及管道运行综合应用SCADA、生产管理、完整性管理等信息系统的广泛应用;通过智能化建设的不断开展,智能管道汇聚成智慧管网,以数据全面统一、感知交互可视、系统融合互联、供应精准匹配、运行智能高效、预测预警可控为发展目标。

国内外相关行业都将智能化水平评价作为智能化发展的重要支撑,以智能制造和智慧城市为例。中国电子技术标准化研究院发布了《智能制造成熟度白皮书1.0》，从生命周期、系统层级和智能功能三个维度，对智能制造的核心特征和要素进行提炼总结，归纳为"智能+制造"两个维度，最后展现为一维的形式，即设计、生产、物流、销售、服务、资源要素、互联互通、系统集成、信息融合、新兴业态10大类核心能力以及细化的27个域。模型中对相关域进行从低到高五个等级（规划级、规范级、集成级、优化级、引领级）的分级与要求。根据使用者的不同需求，可分为整体成熟度模型和单项能力模型。智慧城市方面，GB/T 34680—2017《智慧城市评价模型及基础指标评价体系》，规定了智慧城市评价指标体系的总体框架、一级指标、二级指标评价要素及分项评价指标的设立原则、设立要求和描述要求。GB/T 35775—2017《智慧城市时空基础设施 评价指标体系》，规定了智慧城市时空基础设施的评价体系框架、评价指标及评价方法。标准适用于智慧城市时空基础设施建设与服务效果的评价。时空基础设施的核心建设内容包括：时空基准、时空大数据、时空信息云平台和支撑环境。依据建设内容的分析与分解，时空基础设施的评价指标体系设计为两个层级，包括七个一级指标和41个二级指标。GB/T 33356—2016《新型智慧城市评价指标》，该标准规定了新型智慧城市评价指标的指标体系、指标说明和指标权重，评价指标分为客观指标（其中成效类指标三大项13小项、引导性指标四大项七小项）和主观指标一项。

成熟度评价起源于美国卡内基梅隆大学软件工程研究所，为评估软件项目能力的成熟情况而开发的能力成熟度模型（CMM）；经过不断发展创新，成熟度理论已经在项目管理、人力资源管理、安全管理等领域有了诸多应用，多用于确定被评估对象的成熟程度，是对与被评估对象有关的概念、状态及能力等进行的检查过程。基于该理论，业界开发出了组织项目管理成熟度模型（OPM3）、人力资源能力成熟度模型（PCMM）、BIM成熟度模型等成熟度评价模型。同样，成熟度理论也可以应用到油气管道智能化建设实践中，建立油气管道智能化成熟度评价模型。

油气管道智慧化的主要目标是通过油气管道的可视化、数字化、网络化、智能化管理，最终形成具有全面感知、自动预判、智能优化、主动决策、自我调整等能力，且安全高效运行的智慧油气管网。智能化技术在油气管道的应用是一个模糊的、渐进明细的过程，影响其水平的因素多、不确定性高，采用成熟度评价的方式可以将对管道智能化水平的认知由模糊、抽象的判断转变为具体、清晰的判别，明确智能化技术应用的重点难点，持续改进智慧管网建设和运行水平。

第二章
智能化基础技术成熟度评价方法

第一节 能力成熟度评价基础模型

企业某项能力的成熟度如何评价？主要有三个参考方法，起源于工业制造领域。第一个是基于模型的企业（Model Based Enterprise，MBE）评级，这是美国国防部于 1999 年提出的对于企业能力的评价方法，主要关注于基于模型的企业的成熟度和实施情况。第二个是雷达图法，以信息化程度来评价，每一轮评价后，对于短项可以加重考核尺度、增大投资力度，实行动态调整评价。第三个是借鉴软件成熟度模型——软件能力成熟度模型集成（Capability Maturity Model Integration，CMMI），CMMI 模型是美国卡内基—梅隆大学提出的，共分为初始级、可重复级、定义级、定量管理级和优化级五个等级。

一、MBE 模型

1. 概述

新一轮工业革命为企业带来新应用，数字化技术贯穿产品设计、生产规划、生产工程、生产执行、客户服务等的各个环节，以实现虚拟数字世界与现实生产世界的准确映射。这个演进过程离不开物联网技术、云计算、大数据、工业互联网等新一代数字技术支持，离不开集成先进的数字工程环境、生产管理系统和现场自动化技术，并以此为平台达到数字技术在企业中的深刻应用，以最小的资源消耗获得最高的生产效率。

美国国家技术和标准研究院（NIST）提出从基于模型的定义（Model Based Design，MBD）到 MBE 的跃升，其要义是，模型驱动贯穿系统生命周期的各个方面和领域，一次创建并为制造、服务等所有下游重用。国内制造业中，航空工业在 MBD 方面起步较早，当时基于模型的定义主要解决设计和制造的协同，最典型的应用是主机厂所在飞机设计阶段就采用全数字量表达飞机的几何特征，同时将数字样机传递到制造单位，在数字样机之上开展工艺设计、工艺仿真以及部分环节自动加工指令的生成。现在的 MBE 是把传统的模型向前端应用到需求开发、功能和逻辑设计，向后端应用到更广泛的智能制造以及综合保障等各个环节。从 MBD 到 MBE，数字化设计和制造技术的创新应用成为制造业发展的新趋势。MBD 更关注产品的几何信息，包括工艺描述信息、制造属性信息、管理属性信息，把三维模型作为生产制造的唯一依据。未来 MBE 更关注 MBD 数据在整个生命周期的充分利用，并从几何层面上升到系统层面；另一方面在企业内部以及企业外部供应链之间建立集成和协同的环境，开展基于模型的交换，在数字空间进行反复迭代，以减少物理空间的质量问题和时间成本问题，目的是提高复杂大系统的设计质量、缩减交付时间、减少工程更改、减少产品缺陷和提高首次交付质量。美国"下一代制造技术计划"（NGMTI）将 MBE 的发展历程分为四个阶段。第一阶段以二维工程图为中心，设计制造交换的是二维信息；第二阶段以三维模型为中心，开展三维实体建模，并验证整个结构的几何交互关系，包括运动学仿真、有限元仿真、基于模型的制造等；第三阶段是基于模型的定义（MBD），侧重于在三维模型中全方位地表达设计制造信息；第四个阶段是基于模型的企业（MBE），其三维主控模型不仅包含三维标注等几何信息，还包含更多的模型信息，未来要把三维模型应用到企业和供应链，基于广义的 MBD 进行信息交换。

MBE 逐渐成为先进设计制造方法的具体体现，也代表数字化设计与制造的未来，是建模与仿真方法在设计、制造、支持等全流程技术和业务的彻底颠覆和创新，其中 MBD 是核心，基于模型的系统工程（MBSE）和基于模型的持续保障（MBS）是应用和实践的新方向。利用产品模型和过程模型定义、执行、控制、管理企业的全部业务，可实现业务之间的无缝集成，并与战略管理对接。MBE 主要包括基于模型的工程（Model Based engineering，MBe）、基于模型的制造（Model Based Manufacturing，MBM）和基于模型的持续保障（Model Based Sustainability，MBS）三部分。MBe 将模型技术作为系统生命周期中需求、分析、设计、实施和验证的能力，突破 MBD 单一的应用领域和范围，并将 MBSE 作为重要的完善和发展方向。MBM 从 CAD 向后推演，使用 MBD 模型用于虚拟制造环境中进行工艺规划、优化和管理，其更强调的是基于模型的工艺仿真、生产线的仿真、指令的仿真以及指令传递到物理设备之后的控制和数据采集。MBS 将产品和工艺开发中的模型和仿真应用到系统生命周期的维护阶段，持续关注系统的整个运行状态，把系统运行过程中的质量数据、维护/维修/故障数据采集回馈到模型，在模型中进行比较，评价产品实现和工艺方案，并反馈到产品设计的改进环节，通过 MBS 来提取设计优化信息。

2. MBE 模型及等级

MBE 采用建模与仿真技术对其设计、制造、产品支持的全部技术的和业务的流程进行彻底改进、无缝集成以及战略管理；利用产品和过程模型来定义、执行、控制和管理企业的全部过程；并采用科学的模拟与分析工具，在产品生命周期（PLM）的每一步做出最佳决策，从根本上减少产品创新、开发、制造和支持的时间与成本。

美国国家技术和标准研究院按路径选择以及需要的能力将 MBE 分为 Level 0-Level 6 共计七个等级。其中，Level 3 的主要功能应用为 MBD，主要交付物为二维注释模型和轻量化可视化数据；Level 4 的主要功能应用是 MBD 和数据管理，主要交付物为通过 PLM 管理三维注释模型和轻量化可视化数据；Level 5 可在三维环境下定义、自动生成技术数据包（TDP），包括制造需要的和综合保障需要的信息；Level 6 的主要功能应用是 MBD 生成 TDP 和基于需求的企业数据访问，主要交付物为通过 WEB 访问的数字化产品定义和技术数据包的交换机制。该分级也可用来指导我们的未来发展路径。目前国内有些单位还是以二维图纸为中心；部分单位虽已用到源 CAD 模型，但在使用过程中依然派生出二维图纸使用；大部门航空企业可达到 MBD 和数据管理、通过 PLM 管理三维注释模型和轻量化可视化数据的状态。

从技术上讲，MBE 就是要基于 MBD 在整个企业和供应链范围内建立一个集成和协同化的环境，各业务环节充分利用已有的 MBD 单一数据源开展工作，使产品信息在整个企业内共享，快捷、无缝和低成本地完成产品从概念设计到废弃的部署，有效缩短整个产品的研制周期，改善生产现场工作环境，提高产品质量和生产效率。MBE 评级见表 2-1。

表 2-1　MBE 评级

0 级	（1）以图纸为中心； （2）不连贯的制造，不连贯的企业； （3）主要可交付物：二维图纸

续表

级别	描述
1级	（1）以模型为中心； （2）中性模型CAM，不连贯的企业； （3）主要可交付物：二维图纸和中性CAD模型
2级	（1）基于模型的定义； （2）中性模型CAM，不连贯的企业； （3）主要可交付物：三维注释的模型和轻量化试图
3级	（1）基于模型的定义； （2）集成的制造，不连贯的企业； （3）主要可交付物：三维注释模型和经由PLM的轻量化试图
4级	（1）基于模型的定义； （2）集成的制造，内部集成的企业； （3）主要可交付物：数字产品定义包和TDP
5级	（1）基于模型的定义； （2）集成的制造，供应链集成的企业； （3）主要可交付物：数字产品定义包和经由网络的TDP

MBE不同评级之间的区别是：

（1）1级：MBM，这一级别的企业的显著标志，一定是成功实施了三维CAM软件。对于二维图纸应用来说，还可以细分为：以二维产品设计为主、三维产品设计为辅；或者反过来，三维产品设计为主，二维产品设计为辅；是否推行了CAE仿真分析等几个等级。处于这一级别的企业，通常会因为各种软件数据格式不同，难以交互而烦恼。比如：CAM人员发现了产品设计中不利于加工的部位，想用修改后的模型，直观地让设计师理解；CAE分析人员根据分析结果，向设计师提出改进建议等这样的场景，由于软件数据格式不同，大费周折。

（2）2级：基于源CAD模型的制造，处于这一级别的企业实现了三维CAD/CAM/CAE的一体化，显著的标志是采用了三维研发平台，产品设计、仿真分析、工艺制造的各类软件之间，都以CAD系统文件格式为交换标准。研发团队各个专业之间因采用了同样的数据格式，提高了工作效率。有可能实现CAD/CAM/CAE跨专业组的并行工程。产品研发过程以三维模型为主，二维图纸作为三维模型的补充。

（3）3级：MBE能力级别的前两个级别都无法彻底摆脱二维图纸的束缚，不论是以三维为主、二维为辅，还是二维为主、三维为辅，都存在三维设计到二维的转换过程，也就是三维立体模型转换成平面的二维。采用三维研发模式的1～2级，从人力投入上，在设计阶段来看，远大于纯二维的MBE第0级。从设计部门的交付时间看，纯二维的模式相对于三维加二维来说，花费的时间最短。

当企业的产品以大规模量产成熟产品为主时，二维设计模式，经过多次尝试，已经找到产品的设计、制造规律，二维和三维比较起来，三维优势不明显。

纯二维设计方式，在后续的仿真分析阶段、工艺设计阶段、车间现场制造过程中弊端显现出来，从总的新产品研发周期和产品质量角度看，0 级无论如何不能与 1 级和 2 级竞争。处于 2 级的企业由于实现三维的 CAD/CAM/CAE 一体化，效率也比 1 级企业高出很多。

MBE 能力级别 3 级在两个方面对企业的研发过程有清晰定义，即三维注释模型和轻量化可视化数据，实现基于模型的定义（MBD）。

（4）4 级：与 3 级最大区别是引进 PLM 系统对研发过程实现全面管理，从 BOM 层面看，三维 CAD 的设计 BOM、三维仿真分析的分析 BOM、三维工艺规划的工艺流程 BOP，在 PLM 系统中实现与 CAD/CAM/CAE 工具软件实现 BOM 信息交互，能从设计 BOM 追踪至工艺流程 BOP，实现 BOM 的关联一体化；从三维数据层面看，CAD/CAM/CAE 的全过程都要在 PLM 系统中实时在线，形成三维模型和可视化数据流。

3. MBE 关键技术

（1）MBe。

基于上述认识，在基于模型的工程的"V"模型上可清晰地看到两层关系（图 2-1）。

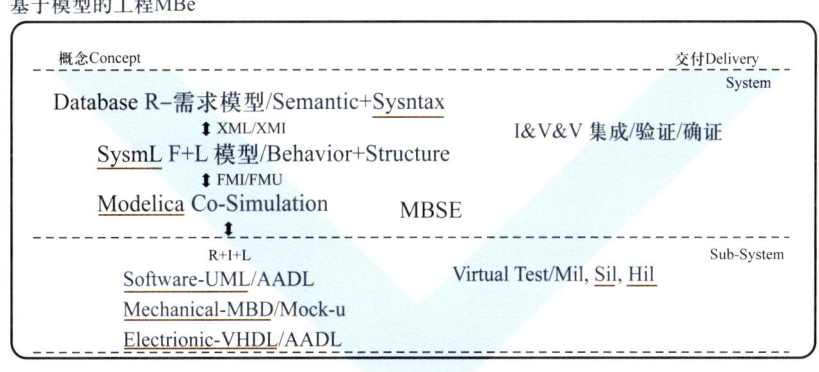

图 2-1　基于模型的工程 MBe

第一层更多地强调 MBSE，强调逻辑设计、功能设计、架构设计，该层中，建模与仿真支持开始于概念设计阶段的系统需求、设计、分析、验证和确认，更强调逻辑功能、系统动态行为以及各组件应该承担的需求及其之间的交联关系。这就是现在在各单位开展的基于模型的系统工程、统一建模与联合仿真、架构设计等，目前有些单位已开展面向"系统之系统"的运行场景仿真。第二层更强调 MBD，该层在前端的需求工程、架构设计之后，更多关注的是在机械领域如何开展基于模型的工程，如何承接前端的需求开展流体、机械、电子、电磁、软件、控制、液压等子系统的设计，通过功能样机接口和功能样机单元的架构来传递前端的需求以及前端的设计架构，在三维数字模型中定义设计信息和制造信息，以保证产品定义数据的唯一性。

（2）MBD。

MBD 最核心的是在三维模型中完整地表达设计、制造信息，确定产品定义信息的唯一性，为传递到下游生产所需的详细信息提供最恰当的信息载体。所有业务均使用 3D 信息传递，形成结构化的数据集，该数据集不仅包含几何特征、尺寸、公差等，也包括隐含的制造信息，如剖切或特定的测量，能够自动生成加工指令等，同时，增加检验和质量信息，使设计和制造形成反馈闭环，这就是 MBD 发挥的巨大作用。

（3）MBM。

MBM 意味着要使用 MBD 模型在虚拟制造环境中进行工艺规划、优化和管理，并将指令提供到现场进行实物生产。特别是在新设备出现的时候，如何形成工艺指令，过去更多的是依赖工艺员的经验，然后在 CAPP 中开展工艺设计，现在则可以通过数字化的工艺仿真技术验证，提供虚拟制造和装配过程仿真，真正实现面向制造/装配的设计（DFx），形成各种生产加工指令为各个环节的设备提供驱动，为工人提供作业指导书，同时还可对生产线/车间进行仿真（这是基于模型的制造非常重要的领域）。

（4）基于模型的验证。

通过建设统一建模与联合仿真、多专业工程仿真环境，开发相关的模型库和数据库，开展功能（性能）样机应用，可在设计环节超越各个专业，建立统一的仿真模型，考评系统或组件的动态行为，以及组件在不同阶段综合过程中，在已建立的虚拟集成仿真环境中，利用模型在环（MiL）、软件在环（SiL）、硬件在环（HiL）以及人在回路（PiL）来验证各级（子）系统开发能否满足功能、性能等要求，保证整体系统架构的合理性，并对系统关键性能进行评价，尽可能在系统的设计早期，验证需求的可实现性，避免设计反复。在推进基于模型的相关工作中会形成新的工作方式，如基于模型的仿真、试验、测试、验证与确认，并建立虚拟集成仿真环境（包含仿真生命周期管理），解决的是不同层面的模型交换和集成。

（5）MBS。

基于模型的持续保障（MBS）将模型作为系统记录和构型管理的唯一基础，将产品和工艺开发中的模型和仿真应用到生命周期的维护阶段，使用维护/维修/故障数据来评价产品和工艺，并将其反馈到产品设计的改进环节。其中最重要的工作是记录交付用户的产品的过程规范、材料数据、产品支持信息以及测试分析信息等，形成跨越整个供应链的结构化、集成的工程技术数据包。

随着系统复杂性及产品开发和制造过程复杂性的增加，需要建立复杂的产品研发集成环境来支撑复杂系统的开发，在这个过程中主要聚焦基于模型的系统工程（MBSE）。模型的作用主要有三个方面：一是真实表达系统架构、行为、运行或其他特征；二是传递产品设计信息，模拟真实世界的行为或制造过程；三是具体表达产品的定义、配置和功能等。这个过程中以往是以文件的形式进行传递，现在希望通过模型进行传递，模型不仅能满足人对系统的理解，同时因为模型带有大量的结构化数据可以让各类计算机来识别并参与，帮助进行产品仿真、生成加工/制造指令等，因此，模型是连接数字空间和物理空间最核心的所在。

模型的特征引发开发范式的跃升，当今软件工具也不断向这个方向发展，从 SoS、到系统、到子系统再到组件，从机械、电子到软件等各个领域都有各自的解决方案，在使用大量的软件工具（如流体、结构、电子、电磁、软件、控制、液压等等），包含从需求定义、需求分析、架构设计、快速概念原型，到初步设计、详细设计，再到基于模型的制造与仿真，以及后端基于模型的运行保障。

4. 基于模型的技术组成架构

MBE 企业的能力在强调 MBD 模型数据、技术数据包、更改与配置管理、企业内外的制造数据交互、质量需求规划与检测数据、扩展企业的协同与数据交换等六个方面的同时，更加强调扩展企业跨供应链的产品全生命周期的 MBD 业务模型和相关数据在企业内外顺畅流通和直接重用。

构建完整的企业 MBE 能力体系是企业的一项长期战略，在充分评价企业能力条件的基础上，统一行动，以 MBD 模型为统一的"工程语言"，在基于模型的系统工程方法论指导下，全面梳理企业内外、产品全生命周期业务流程、标准规范，采用先进的信息技术，形成一套崭新的完整的产品研制能力体系。

MBE 的组成如图 2-2 所示，在信息标准、基础设施和运维基础上，综合集成与数据交换测试等标准；以产品全生命周期管理为主线，在基于模型的可视化环境中，按照系统工程的思想开展基于模型的工程（MBe）、基于模型的数字化制造（MBM）、基于模型的服务（Model Based sustainment，MBs）；重点突破工程分析、数字化制造、长周期数据持有与共享及机电一体化等技术，完成产品模型构建与定义，建立设计、工艺、生产、质量、服务、采购、成本等过程模型和信息模型；通过网络中心实现数据的无缝传递与流转，保证各阶段的数据预览与重用。

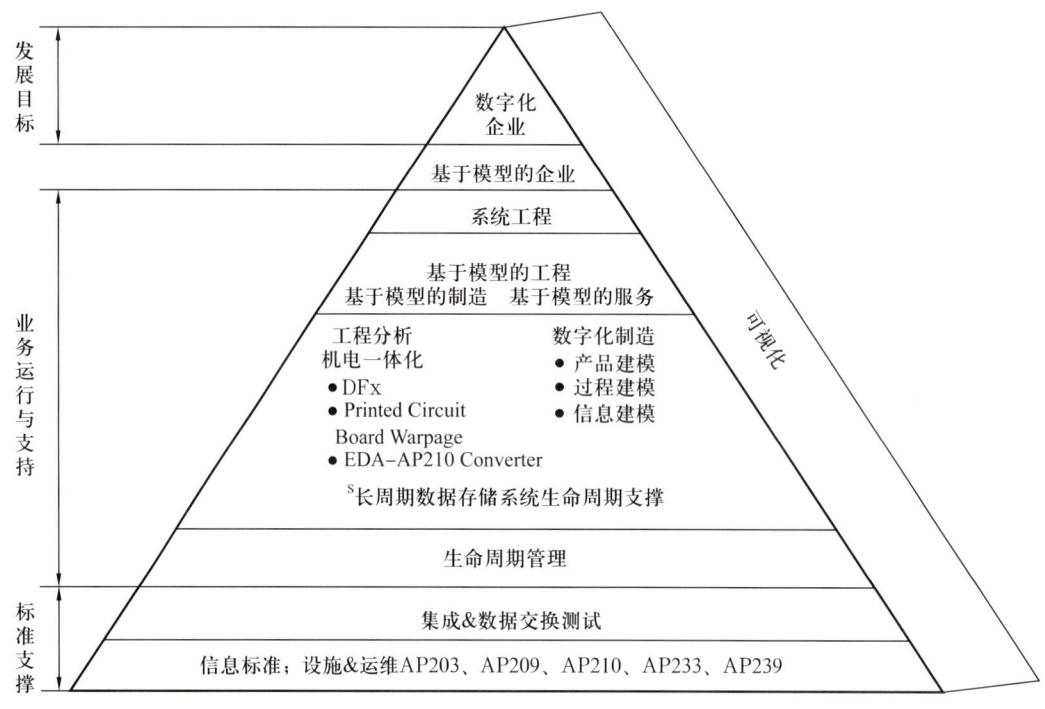

图 2-2　MBE 的组成与企业发展关系

MBE 是数字化企业实现的必经阶段，也是实现信息物理系统（Cyber-Physical System，CPS）的核心，如图 2-3 所示，实现模型贯穿需求工程、设计工程、制造工程、试验工程、生产工程、产品验证与综合确认，最终完成产品生命周期和生产生命周期的融合。

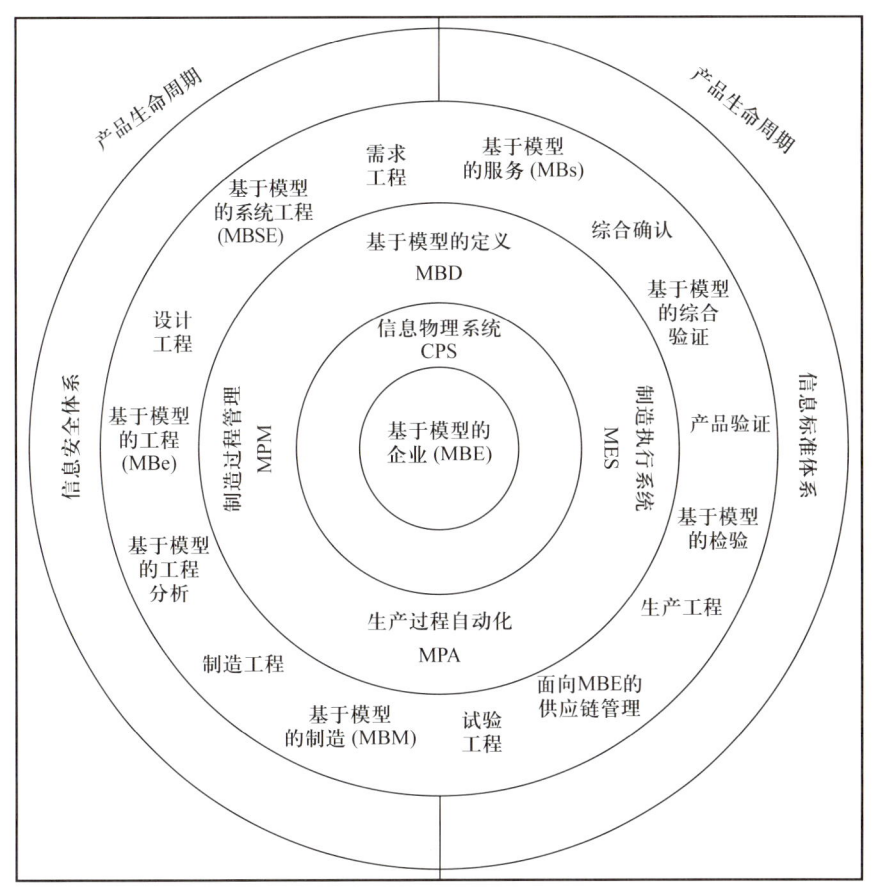

图 2-3　MBE 与 CPS 的关系

二、雷达图评价模型

1. 概述

图形是直观了解、认识数据的一种可视化手段，如果能将评价中的数据直接显示在一个平面上，便可一目了然地看出所分析变量间的数量关系。由于在综合评价中涉及的指标往往很多，多变量数据的维数通常都大于三维，而观测三维以上数据又存在一定困难，若有一种方法可以把高维数据投影到二维空间去，并且在投影过程中不会过多地损失原有数据的信息，就可以使用通常的方法在平面上画出这些高维数据图形来。

多变量的可视化一直是人们关注的热点，从研究成果看主要分为两类：一类是使高维空间的点与平面上某种图形对应，这种图形能反映高维数据的某些特点或数据间的关系；另一类是对多变量数据降维处理，在尽可能多地保留原始信息的原则下，将数据的维数降为二维或一维，然后再在平面上表示，主成分分析法、因子分析法就属于此类方法。雷达图就是一种多变量可视图形，也称星形图，它属于第一类可视化方法。

雷达图早期多应用于经济财务领域，如财务报表的分析，后因其简洁、精确、可操作性强等特点而备受关注，是一种能够用定量指标较好地反映出定性问题的模型工具。雷达图中，每个数据都有一个独立的单一数值轴，坐标轴呈辐射状分布在中心点周围，把同一数据序列的值在不同坐标轴上的点用折线连接起来所形成的多边形就是雷达图，用来比较若干个数据序列指标的总体情况。

2. 雷达图定量评价模型

把雷达图法应用于综合评价之中，即将评价对象系统的评价指标状况用二维平面图形表示，该图形往往与导航雷达显示屏上的图形十分相似因而得名。雷达图法是典型的图形评价方法，其最大的特点是形象、直观。在评价过程中，为了使评价结果更具客观性和综合性，在绘制雷达图前，首先将各基础指标数值进行标准化处理，消除各指标间的数量差别。

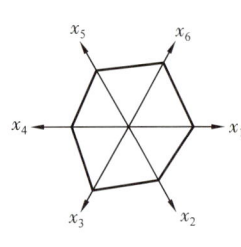

图 2-4 传统三角形雷达图

评价对象经标准化处理后的 n 个基础指标用向量 $X=(x_1, x_2, x_3, x_4, \cdots, x_n)$ 表示。为了将被评价对象的各指标状况用图形表示，把从原点射出的轴定义为基础指标 x，并且将该轴上的点定义成 x_i 的值，通常相邻两个基础指标轴的夹角均取 $a=2\pi/n$。将二维平面上相邻轴上的点连接起来得到的图形就是表征该评价对象各指标状况的雷达图。由于此雷达图是由若干个三角形组成的，故称其为三角形雷达图，如图 2-4 所示。

3. 雷达图分级评价方法

从雷达图上可以直接看出被评价对象之间的相对优势和相对劣势，但是若要对各个被评价对象之间的综合的实力进行比较的话，这种方法就无能为力了。于是，在雷达图综合评价中，通过提取特征向量、构造评价向量和评价函数，全面反映评价对象的总体水平和各指标的均衡发展程度。雷达图定量评价方法基本步骤如下。

（1）提取特征向量。

提取图形的面积和周长作为特征向量，即为 $\boldsymbol{T}_i=[S_i, L_i]$。在 m 个评价对象的系统中：T_i 表示第 i 个评价对象雷达图的评价向量；S_i、L_i 分别表示雷达图的面积和周长，雷达图面积为评价指标轴构成的三角形面积之和，周长为指标各点连线的线段长度之和。图形面积越大，表示该评价对象的总体优势越大，反之越小；当雷达图面积一定时，其周长越小，说明其越趋近于圆形，各指标越趋于相等，意味着评价对象各方面的发展越协调；周长越大，则结论相反。

（2）构造评价向量。

构造评价向量 $\boldsymbol{E}_i=[E_{i1}, E_{i2}]$，$E_{i1}=S_i/\max S_t$，$E_{i2}=4\pi S_i/L_i^2$。

其中 E_{i1} 为面积评价值，其数值越大表明该评价对象总体优势越大，反之越小；E_{i2} 为周长评价值，表示与相同周长的圆的面积的比值，其数值越大表明该评价对象均衡发展程度越好，反之越差。

（3）构造评价函数并计算评价值。

为反映评价活动的基本特性，保证评价过程稳定，即评价结果不会因评价指标的微小变化而发生大幅度变化，由评价向量定义评价函数时，评价函数必须满足以下条件：$f(0,0)=0$，单调递增；连续性。一般采用几何平均数方法构造评价函数。

（4）综合评价。

根据计算结果对评价系统进行综合评价。上述方法能够全面地反映评价对象的综合水平，但当其评价指标较多时，雷达图评价法存在着特征量（面积和周长）随指标排列顺序不同而不同的问题，使其评价结果不具有唯一性，由特征向量、评价向量和评价函数所得出的量化价结果也不同，有时很可能会得出完全相反的结论。

4. 雷达图特征向量的改进

（1）以平均面积和平均周长作为特征向量。

如果被评价对象的指标个数以及取值都一定时，即使评价指标的排列顺序不是唯一的，进而导致了对应雷达图的绘制方法以及雷达图的周长、面积也不唯一，但是始终能唯一确定的是评价指标组合的个数。而评价指标的组合又与雷达图之间存在着一一对应的关系，因此可以说评价指标所构成的一个组合也就唯一地决定了一个雷达图的形状，进而也就唯一地决定了这个雷达图的面积和周长。这样一直下去，可以通过穷尽列举出所有的组合，并且绘制出对应所有组合的可能的雷达图，然后求出这些雷达图的平均面积和平均周长。显而易见，最终求得的雷达图的平均面积和平均周长都是唯一存在的，它只取决于评价指标的个数和每个评价指标的数值，这些评价指标在绘制雷达图过程中所排列的顺序没有关系。另外，从分析的角度来看，由于雷达图的平均面积和平均周长较某一具体的雷达图的面积和周长而言，最大限度地消除了由于人为的和其他随机不可确定的因素造成的干扰，使其更加具有鲁棒性，更具有代表性。同时还需要说明的点是，根据雷达图的"平均面积"来对被评价对象进行定量的综合评价时，虽然这时的雷达图的"面积"已经进行了抽象，但它并不会造成对雷达图所具有的图形对比和分析功能的影响。正如上面所叙述的那样，根据雷达图来进行定性的对比与分析，仅仅是为了鉴别出某被评价对象与被评价集众中的其他对象相比，它所具有的优势和劣势。就这一点来说，一旦评价指标及其取值相同，定性对比分析的结果就不会因为雷达图的不同而不同。因此实际应用时，针对每一个被评价对象，首先任意绘制一个雷达图，方便后面用来图形对比与分析；然后再计算所有可能出现的雷达图的平均面积和平均周长，用于定量综合评价。关于雷达图平均面积的计算方法，也需要进行些变通处理。这是因为如果还是按照一般平均数的方法去计算，将会导致计算很复杂。相反，由 n 个变量所构成的雷达图，是由 n 个三角形所组成。这样，被评价对象所有雷达图的平均面积就等于该被评价对象所有雷达图中的三角形平均面积的 n 倍。这样的话，求解雷达图的平均面积只要求解雷达图中三角形的平均面积来实现。采用类似的思路通用可以求得平均周长。

（2）以扇形面积和扇形周长作为特征向量。

上述方法可以实现，但比较复杂。重新提取特征向量（面积和周长），其计算不再依赖于三角形而是扇形，即以每一个基础指标值作为相应扇形的半径，用扇形替换了三角形，这一替换的"新"面积和周长就唯一确定了，面积为各扇形的面积之和，周长为各段弧长之和，它们不再随指标排列顺序不同而变化，从而得到新的特征向量 $T_j = [S_j, L_j]$。其中 S_j 表示总体综合水平的大小，图形面积越大，表明该评价对象的总体优势越大，反之越小；L_j 表示评价对象各方面的协调发展程度，为各评价指标圆弧之和。能够证明当面积一定，各指标相等时，圆的周长最大，即各指标最均衡。因此该特征向量具有同样的分析和评价功能。

三、CMMI 模型

1. 模型概述

软件能力成熟度模型集成（CMMI）由美国卡耐基梅隆大学软件工程研究所（SEI）组织全世界的软件过程改进和软件开发管理方面的专家开发出来并在全世界推广实施的一种软件评价标准，用于评价软件承包能力并帮助其改善软件质量的方法。CMMI 模型最初提出于 2000 年，在软件成熟度模型（CMM）、系统工程能力模型（EIA-731）和集成产品开发模型（IPD）的基础上融合而成，CMMI 通过对软件开发过程和软件开发能力的评价和改进，评价软件开发过程的管理及工程能力。能力成熟度模型集成 CMMI 是一种用于产品开发（或服务）的过程改进成熟度模型。它是一种过程改进的方法，为组织提供有效过程的基本元素。CMMI 的最佳实践覆盖了产品构思、交付和维护的整个生命周期。CMMI 运用过程管理的理念，从"组织"出发，关注整体，关注"制度、效率、效益"三者的关系，以规范组织级过程为核心，以借鉴与改进为指导思想，以研发生命周期过程管理和全面质量管理为手段，创建一个体系，提升组织行为规范，提高组织及个体的成熟度，通过体系建设促进工作效率和质量的提高。

CMMI 能力成熟度模型中将产品开发过程的能力成熟度分为五个等级。能力成熟度越高，代表产品开发过程越成熟，项目的产品开发管理能力越强，最终产品质量越高。这五个等级从低到高分别为：初始级、受管理级、已定义级、定量管理级及持续优化级，如图 2-5 所示。

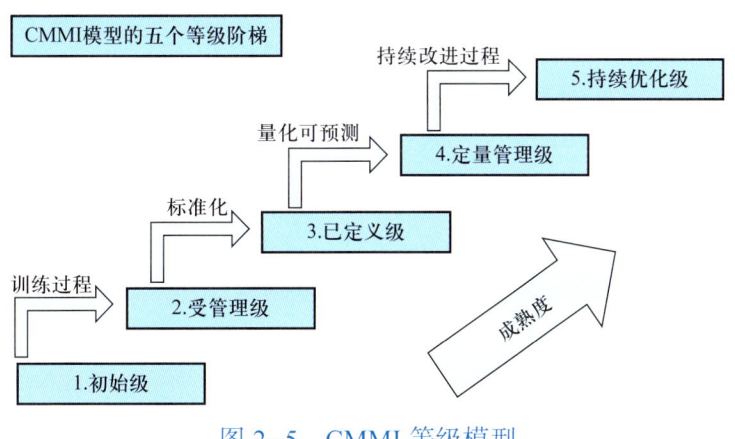

图 2-5　CMMI 等级模型

（1）1级：初始级（Initial）。

处于这一级企业的产品开发项目过程是不稳定的，结果是不可预测的，企业在研发项目的管理方面处于被动地位。组织对项目的目标与要做的努力很清晰，项目的目标可以实现。但是由于任务的完成带有很大的偶然性，软件组织无法保证在实施同类项目时仍然能够完成任务。项目实施能否成功主要取决于实施人员。任何在CMMI能力成熟度模型的指导下，进行开发过程改进活动之前的企业，它的产品开发过程都属于初始级。

（2）2级：受管理级（Managed）。

企业在二级水平上体现了对项目的一系列的管理程序。处于这一级的企业在项目管理上能够遵守既定的计划与流程，进行资源准备且权责到人，对项目成员进行相应的培训，监测与控制整个流程，并同上级单位对项目与流程进行审查。这一系列的管理手段排除了企业在一级时完成任务的随机性，保证了企业的项目实施取得成功。

（3）3级：已定义级（Defined）。

处于这一级的企业，已经从所实施的产品开发项目中，抽象出了一套定义清晰的标准项目研发过程，能够以标准开发过程及相关过程资产（包括过程定义、研发模板等）为基础，通过"裁剪"，定义出合适于特定项目的开发过程。"受管理级"和"已定义级"的差别，主要在于开发过程的应用范围：前者只限于在特定项目中使用，后者则是可以适用于企业的所有项目的标准开发过程。在上一级的基础上组织能够根据自身特殊情况及自己的标准流程，将这套管理体系与流程予以制度化。这样，软件组织不仅能够在同类项目上成功，也可以在其他项目上成功。

（4）4级：定量管理级（Quantitatively managed）。

企业的项目管理在原有三级的固定制度的基础上实现了数字化与量化的管理。在量化管理级水平上，企业通过量化技术来反馈并保证流程的稳定度与精度，降低项目实施的质量波动。在上一级的基础上组织的项目管理实现了数字化。通过数字化技术来实现流程的稳定性，实现管理的精度，降低项目实施在质量上的波动。

（5）5级：持续优化级（Optimizing）。

处于这一级的企业不仅能够通过数字化及信息手段进行项目管理，而且能够充分利用信息资料，预防企业在项目实施过程中可能出现的问题及风险，运用新技术，主动改善流程，实现流程的持续优化。在这一级上，企业的项目管理水平达到了最高境界。在上一级的基础上组织能够充分利用信息资料，对软件组织在项目实施过程中可能出现的次品予以预防。

对于 CMMI 每一个成熟度等级或能力等级，前一个等级的目标和实践，都是更高一个等级的基础。CMMI 实施不是越快越好，它不允许超常规跳跃式发展。CMMI 的实施与评价只能循序渐进，只能一个等级跟着一个等级地往上走。CMMI 的实施不是做给别人看的，而是做给自己用的，注重的是实效。

2. CMMI 实施方法

随着 1994 年 SEI 正式发布 CMM 模型，软件和其他领域应用越来越广泛，在其他相关领域开发出了系统工程、软件采购、人力资源管理以及集成产品和过程开发方面的多个能力成熟度模型。到了 2000 年，CMMI 模型应运而生，将现有的以及计划开发出的各种能力成熟度模型有效融合，集成到一个框架中去。这个框架有两个功能，第一，改革现有的软件采购方法标准；第二，建立一种从集成产品与过程发展的角度出发、包含健全的系统开发原则的过程改进。2002 年 CMMI 正式发布 1.1 版本，2006 年发布 1.2 版本，2010 年发布 1.3 版本，2018 年发布 2.0 版本。CMMI 从成熟度上来说包括 L1~L5 五个等级，从过程域的角度来说，共计 22 个过程域，52 个目标，300 多个关键实践；成熟度等级越高，管理水平和承接能力越高。在 CMMI 中，模型通常有阶段式表示法和连续式表示法两种表示法。连续式表示法侧重于每个过程域的能力，该方法没有等级的概念，只是从单个过程域的角度考察基线和度量结果的改善；阶段式表示法则强调组织的成熟度，从过程域集合的角度考察整个组织的过程成熟度能力，并进行达成的过程域组合情况判定组织的成熟度等级。CMMI 实施可分为连续式与阶段式两种方法，如图 2-6 所示。

连续式表示法中将过程域分为过程管理、项目管理、工程过程以及支持过程四大类型（表 2-2）。如果采用按照连续式表示方法，组织可以专注于某个特定过程域（如工程过程域）的持续优化，而不必考虑其他过程区域。

连续式实施方法主要用于衡量企业的项目能力，仅表示企业在该项目或类似项目的实施能力达到了某一等级。企业在接受评价时可以选择自己希望评价的项目来进行评价。因为是企业自己挑选项目，其评价通过的可能性就较大一点，但反映的内容也比较窄一点。

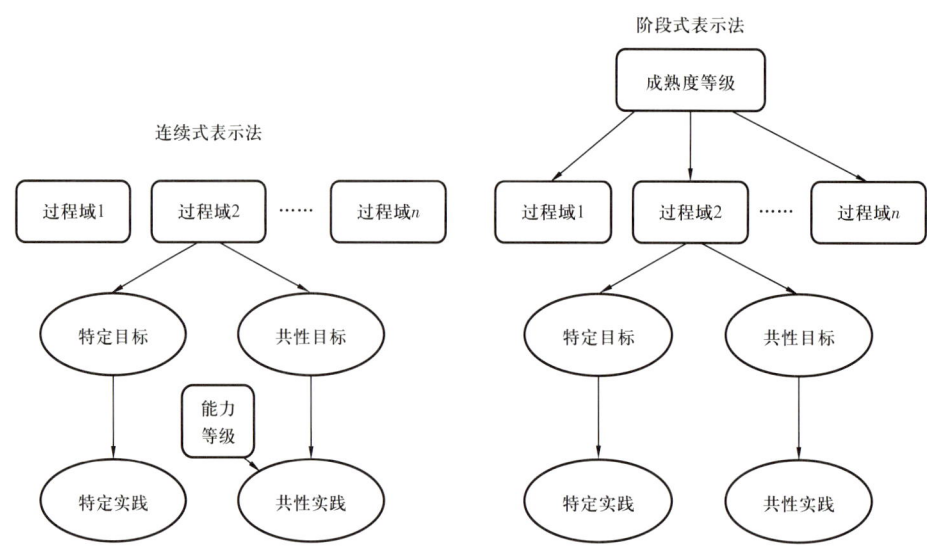

图 2-6 CMMI 实施表示法

表 2-2 CMMI 成熟度等级和过程域（按分类排列）

成熟度等级	过程域			
	工程	项目管理	过程管理	支持
2 级 受管理级		项目计划（PP） 项目监控（PMC） 分包合同管理（SAM） 需求管理（REQM）		配置管理（CM） 过程和产品质量保证（PPQA） 度量与分析（MA）
3 级 已定义级	需求开发（RD） 技术解决（TS） 产品集成（PI） 验证（VER） 确认（VAL）	集成项目管埋（IPM） 风险管理（RSKM）	过程定义（OPD） 过程聚焦（OPF） 培训（OT）	决策分析与解决方案（DAR）
4 级 定量管理级		量化项目管理（QPM）	组织过程性能（OPP）	
5 级 持续优化级			组织性能管理（OPM）	因果分析和解决方案（CAR）

阶段式表示法把过程域分成五个成熟度等级，并为每个成熟度等级提供一个阶段式的流程改进建议顺序。一个成熟度等级横向涉及多个过程域，每个过程域均包含共性目标和特定目标、共性实践和特定实践，见表 2-3。

表 2-3　CMMI 阶段式表示法——成熟度等级和过程域的关系表

成熟度等级	过程域
5级：优化级	组织革新与部署（OID）、原因分析与解决方案（CAR）
4级：定量管理级	定量项目管理（QPM）、组织过程绩效（OPP）
3级：已定义级	需求开发（RD）、技术解决方案（TS）、产品集成（PI）、验证（VER）、确认（VAL）、组织过程焦点（OPF）、组织过程定义（OPD）、组织培训（OT）、集成化项目管理（IPM）、风险管理（RSKM）、决策分析与解决方案（DAR）
2级：受管理级	需求管理（REQM）、项目规划（PP）、项目监控（PMC）、供应商协议管理（SAM）、度量分析（MA）、配置管理（CM）、过程和产品质量保证（PPQA）
1级：初始级	无

阶段性实施方法主要用于衡量企业在项目实施上的综合实力，即企业的成熟度。企业在进行评价时，一定要由评价师来随机挑选企业内部的任何项目或者任何项目的任何部分。相比连续式实施方法，阶段性实施方法的难度更大。

CMMI 只是为整个组织的过程改进提供指南，而不是为组织的产品改进提供指南，并非针对某个具体项目提供解决方案。任何标准体系或过程改进模型的实施成功，都不能保证企业产品质量 100% 合格，而只能保证改进企业过程管理，最终促进产品质量提高。组织改进需要不断创新，不断优化，而不要满足于停留在某一固定的水平上。

在表 2-3 中，CMMI 的成熟度等级是从 2 级开始的，因为 CMMI 1 级也叫初始级，没有任何过程域对应，代表无序甚至混乱的过程，管理方法也是反应式的，常常处于救火的状态；从 2 级开始，每个等级都对应着相应的过程域，当前等级以及低于当前等级的过程域目标全部达成后，即说明组织的成熟度达到相应的等级。随着成熟度等级不断提高，管理水平和企业的能力也不断地提升。在 CMMI 体系中，对于每一个过程域，都会有相关的特定目标与实践，过程改进组（EPG）将根据这些特定的目标和实践，梳理企业目前的软件项目开发过程，构建出适合当前企业或组织的管理和开发体系，形成行之有效的管理和开发文档模板和指南。项目根据自己的需求，将组织级的过程进行裁剪，形成上述项目级的文档体系，在项目执行过程中持续跟进，形成执行记录，使项目全过程得到监控和记录，提升项目的管理水平和实现效果。

CMMI 体系中对于过程的执行状况提供评价体系，通过内部和外部的评价，发现改进点和改进建议，为后续的持续改进提供基础。通过过程改进组对组织和项目管理体系的持续改进，不断提升企业或组织的管理成熟度。

3. CMMI 高成熟度等级

CMMI 提供了企业不断成熟的框架，CMMI L2 级从无到有的引入了管理，使得项目的管理可以重复；CMMI L3 级是从特殊到一般的过程，通过规程、指南等提高了整个组织管理的层次；CMMI L4 级则是从定性管理到定量管理的过程，定量模型的引入提高了结果的可预测性；CMMI L5 级是从单次管理到持续优化的过程，在量化管理的基础上优化管理效果，使组织的质量和管理水平进一步趋于稳定，从而达成管理体系的改进和提高。随着成熟度的提升，在预定目标的稳定性、可预测性和质量方面都得到显著的提高。在 CMMI 体系中，一般而言 CMMI L4 和 L5 叫作高成熟度等级，CMMI L4 是在量化管理级水平上，企业的项目管理不仅形成了一种制度，而且要实现数字化的管理。对管理流程要做到量化与数字化。通过量化技术来实现流程的稳定性，实现管理的精度，降低项目实施在质量上的波动。CMMI L5 在量化项目管理的基础上增强了企业进行根本原因分析的能力和持续自主过程改进的能力。高成熟度等级项目管理中，在组织级和项目级层次，运用统计和其他定量方法来理解过去并预测将来的质量和过程性能；组织是根据他们的商业目标来建立他们的质量和过程性能目标的；项目组的目标是在客户和最终用户的需要以及组织目标的基础上建立的；项目组和个人在活动中运用统计和定量方法来计划、监督、控制进展以达到他们所制定的目标。组织根据所得到的信息来理解过程性能、理解差异、理解持续改善的目标范围，评价所提出的改进建议的影响。CMMI L4 共分为两个过程域，量化项目管理和组织过程性能。CMMI L5 共分为两个过程域，组织性能管理以及因果分析和解决方案。

4. 量化项目管理说明

量化项目管理是根据组织级文档和商业目标，建立和维护项目目标，使用统计技术和其他定量分析技术组成项目已定义过程；也是选择度量分析技术对目标过程和属性进行监控和管理，并对发现的问题进行根本原因分析的过程。其活动关系图如图 2.7 所示。

在 CMMI 模型定义中，量化项目管理活动主要包括：

（1）建立并维护项目的质量和过程性能目标。

（2）使用统计和其他量化技术对一个已定义过程进行组合以保证项目实现其质量和过程性能目标。

（3）选择子过程和关键属性进行性能评价，从而帮助实现项目的质量和过程性能目标。

（4）选择用于量化管理的度量与分析技术。

（5）使用统计和其他量化技术对已选择的子过程性能进行监控。

（6）使用统计和其他量化技术对项目进行管理，以决定项目的质量和过程性能目标是否得到满足。

（7）对已选择的问题进行根本原因分析以解决实现项目的质量和过程性能目标时的不足。

其中，（1）～（4）条主要是对统计对象和方法的选择，是进行量化分析的前提；（5）～（7）条则是对量化分析执行的监控、管理以及对发现问题的根因分析。

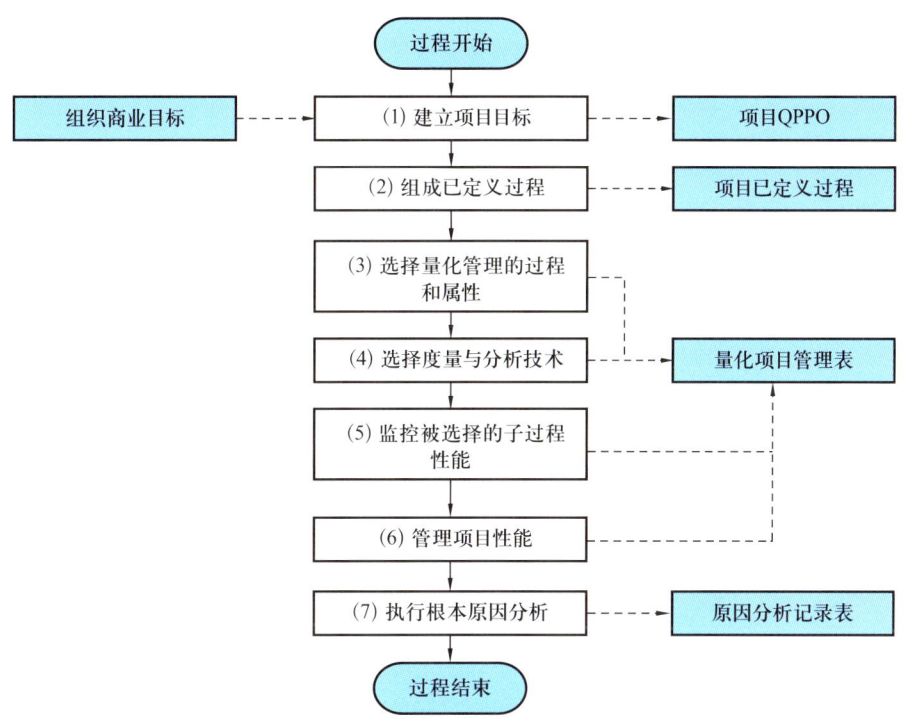

图 2-7 量化项目管理活动关系图

5. 组织过程性能说明

组织过程性能是根据组织的质量和过程性能的定量目标，从组织的标准过程中选择目标过程进行量化分析，建立和维护组织的过程性能基线和过程性能模型的过程。活动关系如图 2-8 所示。

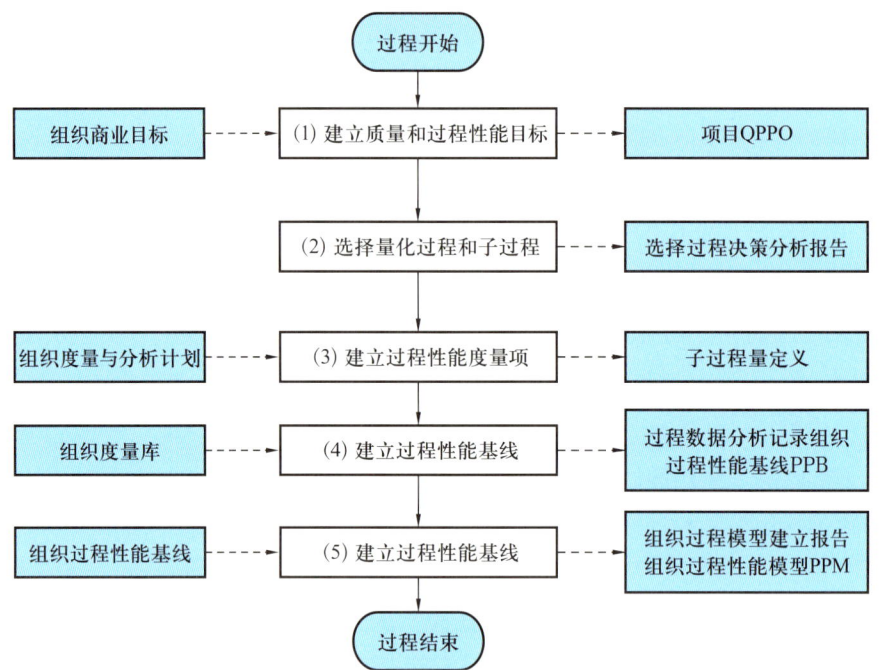

图 2-8　组织过程性能活动关系

在 CMMI 模型定义中，这一部分是从定性管理到定量管理的核心，主要的活动内容包括：

（1）设定并维护组织质量及过程性能的量化目标，并可以追溯到商业目标。

（2）在组织标准过程中，选定将纳入组织过程性能分析的过程或子过程并维护商业目标的追溯性。

（3）建立并维护纳入组织过程性能分析的度量定义。

（4）分析已经选择的过程性能并建立和维护组织过程性能基线。

（5）建立并维护组织标准过程的过程性能模型。

具体到实际的软件项目管理中，通过渗透到项目日常管理的有效的度量，收集到各种所需的数据，并对数据进行分析和建模，形成组织的性能基线和性能模型（PPB 和 PPM），并通过它们指导项目管理工作的改进，实现从简单的定性管理到定量管理的提升。

6. 因果分析和解决方案

因果分析和解决方案是项目级和组织级的问题缺陷数据的收集与原因分析，对应措施制定、实施和验证的过程，具体的流程如图 2-9 所示。

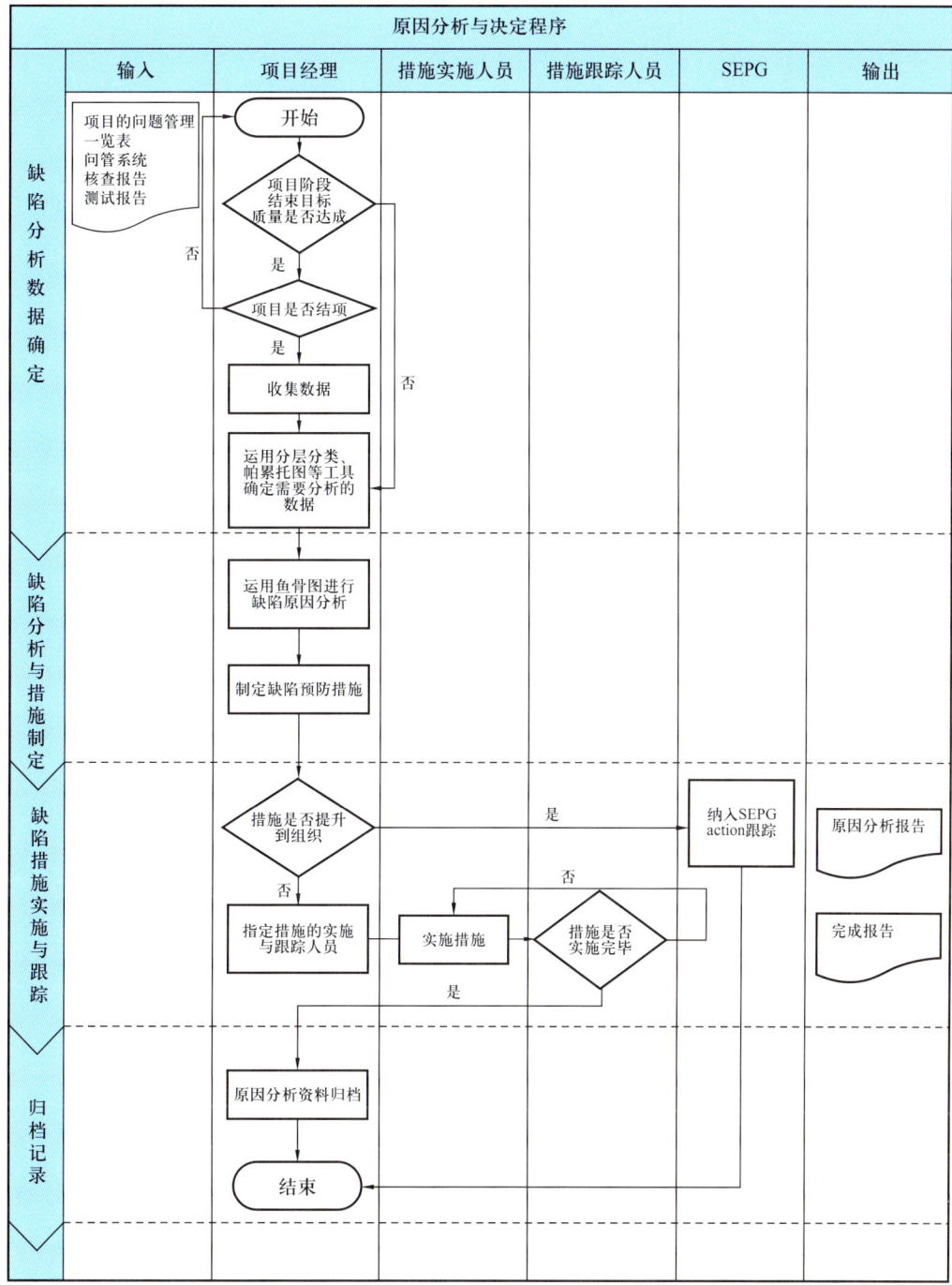

图 2-9 因果分析和解决方案流程图

在 CMMI 模型的定义中,此部分主要的活动内容包括:

(1)选择要分析的结果。

(2)对选择的结果进行原因分析并建议解决措施。

（3）在原因分析中实施已选择的行动建议。

（4）评价已实施行动过程性能的影响。

（5）为跨项目和组织内使用记录原因分析与解决数据。

其中，（1）～（2）条是对分析对象进行选择和实施分析的过程，（3）～（5）条则是实施改进措施并进行成效分析，以及将改进记录收入组织过程资产以便在其他项目推广改进。

7. 组织性能管理

组织性能管理是通过收集和分析项目数据，管理组织性能，识别性能方面与商业目标不符之处，选择改进措施以弥合差距，并对改进效果进行评价的过程。活动关系图如图 2-10 所示。

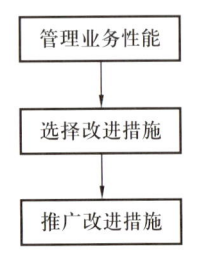

图 2-10 组织性能管理活动关系图

在 CMMI 模型定义中，此部分主要包括以下几个方面的活动：

（1）基于对业务策略和实际的性能结果的理解，维护商业目标。

（2）分析过程性能数据以确定组织满足已识别的商业目标的能力。

（3）识别潜在的改进方面，以便满足商业目标。

（4）挖掘潜在的改进措施，并对改进措施进行分类。

（5）分析潜在的改进措施，使它们促进组织质量和过程性能目标的达成。

（6）确认挑选的改进措施。

（7）基于对成本、收益和其他因素的评价，选择和执行改进措施，以便推广到整个组织。

（8）建立和维护选择的改进措施的推广计划。

（9）管理选择改进措施的推广工作。

（10）利用统计和其他量化技术，评价推广质量和过程性能改进措施的效果。

其中，（1）～（3）条主要是分析组织商业目标，并根据过程性能模型识别实现组织商业目标的潜在改进点的过程。（4）～（7）条是针对改进措施进行分析和预测，判断其是否能够达成商业目标，并选择准备推广的改进措施。（8）～（10）条则是执行并管理推广过程，以及利用统计和其他量化技术对推广结果进行评价。整体来说，CMMI L5 级主要是通过因果分析深入的寻找原因，并选择解决方案予以解决和评价；以及通过对商业目标的分解，识别潜在的改进点，挖掘潜在的改进措施，分析挑选合适的措施实施并评价，将有效的措施推广到整个组织，提升整个组织的能力，是一个持续改进，不断迭代的过程。CMMI 的 L4 级和 L5 级主要是对于量化管理以及自主持续改进方面进行了定义，这也是目前项目管理中难度较大的部分，也是解决管理问题的方案中期待最大的部分。

8. 成熟度模型假设检验

假设检验（hypothesis testing），又称统计假设检验，是先对总体参数提出一个假设值，然后利用样本信息判断这一假设是否成立的检验方法，一般用来判断样本与样本、样本与总体的差异是由抽样误差引起还是本质差别造成的。通常情况下假设检验时会设置两个假设：一种叫原假设，也叫零假设，原假设一般是统计者想要拒绝的假设。原假设的设置一般为：等于、大于等于、小于等于。另外一种叫备择假设，备则假设是统计者想要接受的假设。备择假设的设置一般为：不等于、大于、小于。在报告中提到的零假设一般是指的两个样本之间是完全相同的，而备择假设则是两者之间是有差别的，结论就是要么否决零假设要么支持零假设。常用的假设检验方法有 Z 检验、t 检验、卡方检验、F 检验等。本书所述假设检验是双总体 t 检验，能够有效地评价两组被试获得的数据或同组被试在不同条件下所获得的数据的差异性。

9. 成熟度模型蒙特卡罗预测

蒙特卡罗（Monte Carlo）方法也称统计模拟法，是以概率论和统计方法为基础，以概率现象为研究对象的模拟方法。通过对抽样调查数据的统计值分析，从而对未知特性量的概率进行预测。一般方法是使用随机抽样来解决很多离散系统的计算问题，通过构建一个和目标系统相似的概率模型，用计算机模拟随机抽样过程，以获得问题的近似解，特别适合一些通常方法难以求解或者无法求解的问题。一般求解的思路是，首先根据目标问题的特点，构建出一个简单而又便于实现的概率统计模型，将目标问题对应的概率分布或者数学期望对应到模型的参数或数字特征上；接下来分析模型中各种不同分布随机变量的抽样方法，并通过计算机模拟的方法进行随机抽样过程，计算模型的参数或数字特征；最后通过对模拟结果的处理，给出模型对应的统计估计值和精度估计值，也就是所求问题的近似解。通过蒙特卡罗预测，可以更加精确地判断模型的有效性，节省了大量的时间和资源。

第二节　物联网技术体系及评价方法

一、物联网技术体系

物联网（The Internet of things，IoT），是物和物相连的互联网，一种在互联网基础上延伸及扩展到物与物之间并进行信息交换与通信的网络。

主流的物联网体系架构都是以三层体系框架为模型，在此基础上进一步演绎和深入最终形成统一的标准。三层体系结构模型中将物联网分为感知层、网络层及应用层三个层级。如同计算机网络体系结构一样，物联网各层之间都有着自己所需的独特的关键技术和核心技术，物联网技术体系如图2-11所示。

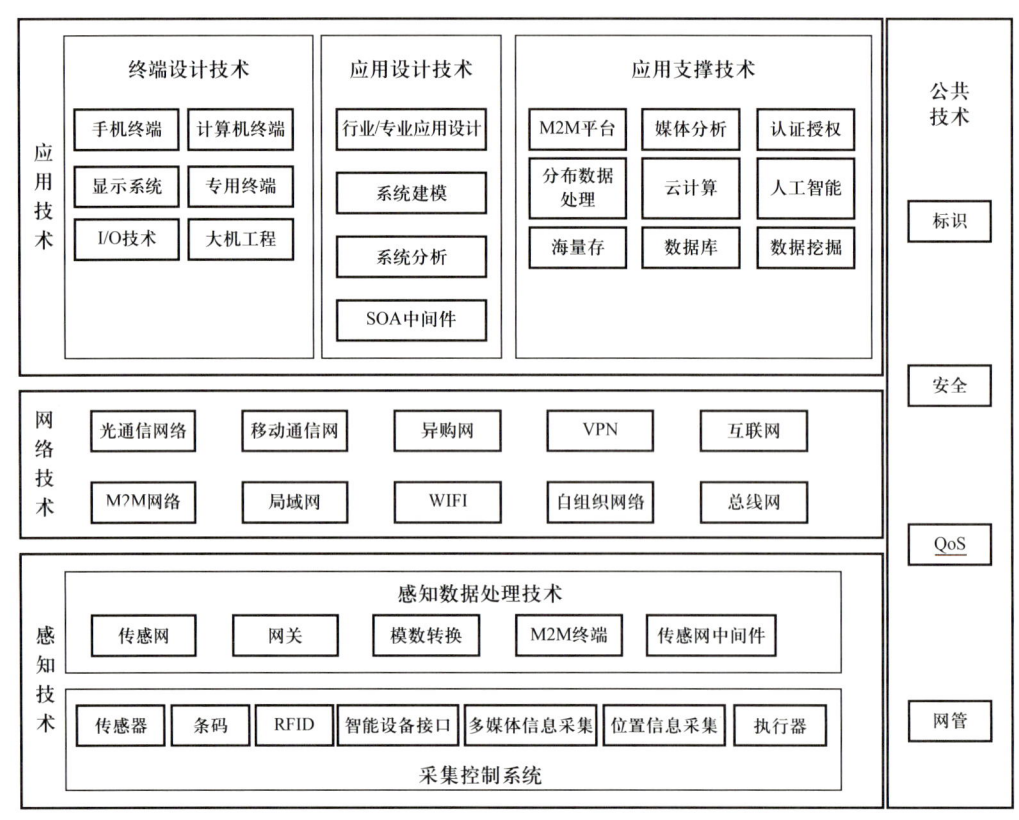

图 2-11　物联网技术框架

目前，包括 ISO/IEC JTC1/WG10、ITU SG20、IEEE P2413、IIC、IoT-A、OneM2M 等在内的国际标准化组织或联盟都在研究物联网的参考体系结构。这些物联网参考体系结构表现形式不同，但本质基本一致，主要与描述物联网的视角有关。从技术架构角度看，物联网是由用户域、目标对象域、感知控制域、服务提供域、运维管控域和资源交换域等六个域组成（图2-12），简称"物联网六域框架"。

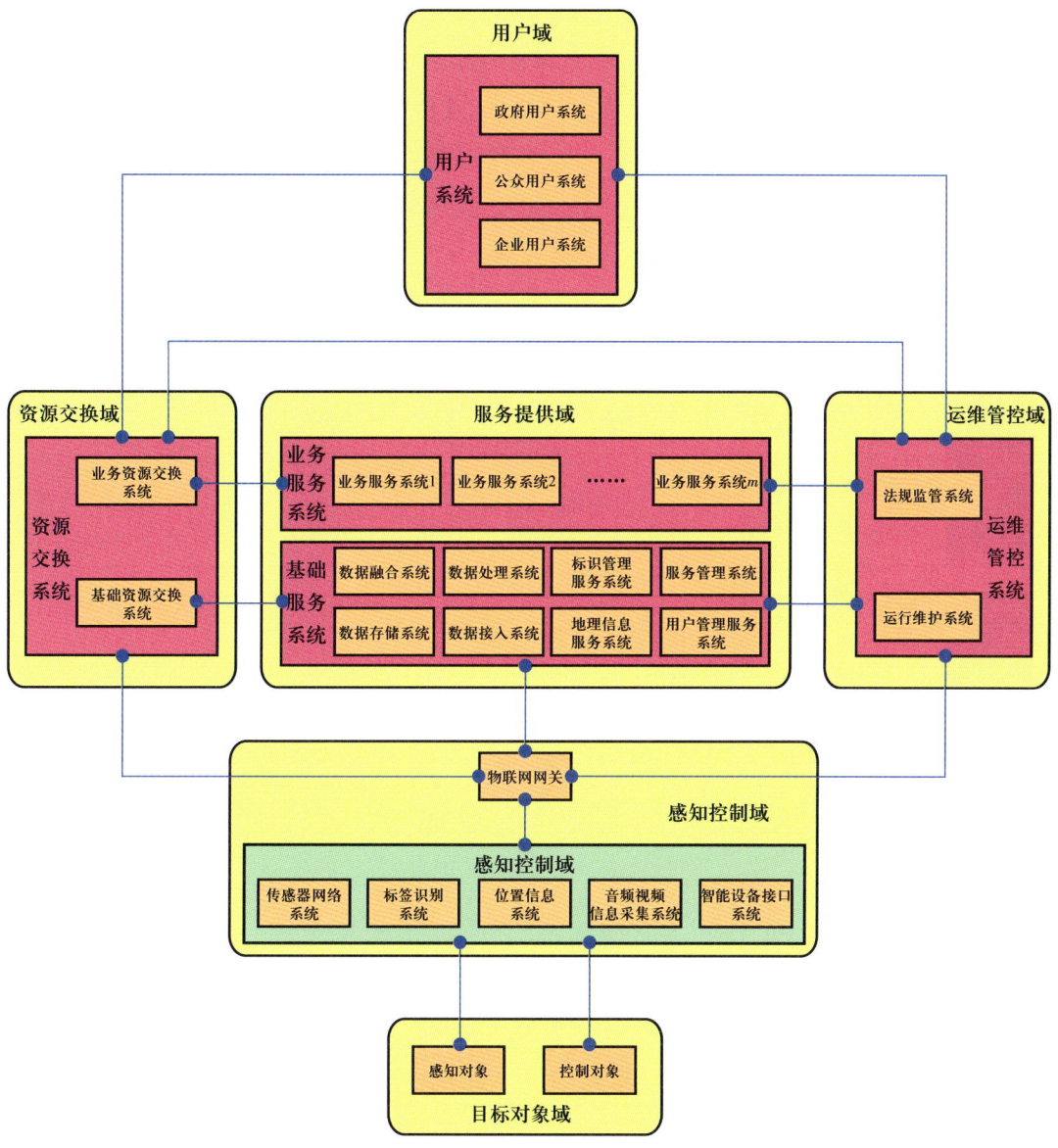

图2-12 物联网参考体系架构

在"物联网六域框架"中，用户域是不同类型物联网用户和用户系统的实体集合。

目标对象域是用户期望获取相关信息或执行相关操控的对象实体集合，包括感知对象和控制对象。

感知控制域是各类获取感知对象信息与操控控制对象的软硬件系统的实体集合。服务提供域是实现物联网基础服务和业务服务的软硬件系统的实体集合。运维管控域是实现物联网运行维护和法规符合性监管的软硬件系统的实体集合。资源交换域是实现物联网系统与外部系统间信息资源的共享与交换，以及实现物联网系统信息和服务集中交易的软硬件系统的实体集合。域和域之间再按照业务逻辑建立网络化连接，从而形成单个物联网行业生态体系。单个物联网行业生态体系再通过各自的资源交换域形成跨行业跨领域之间的协同体系。

物联网的关键技术架构如图 2-13 所示。

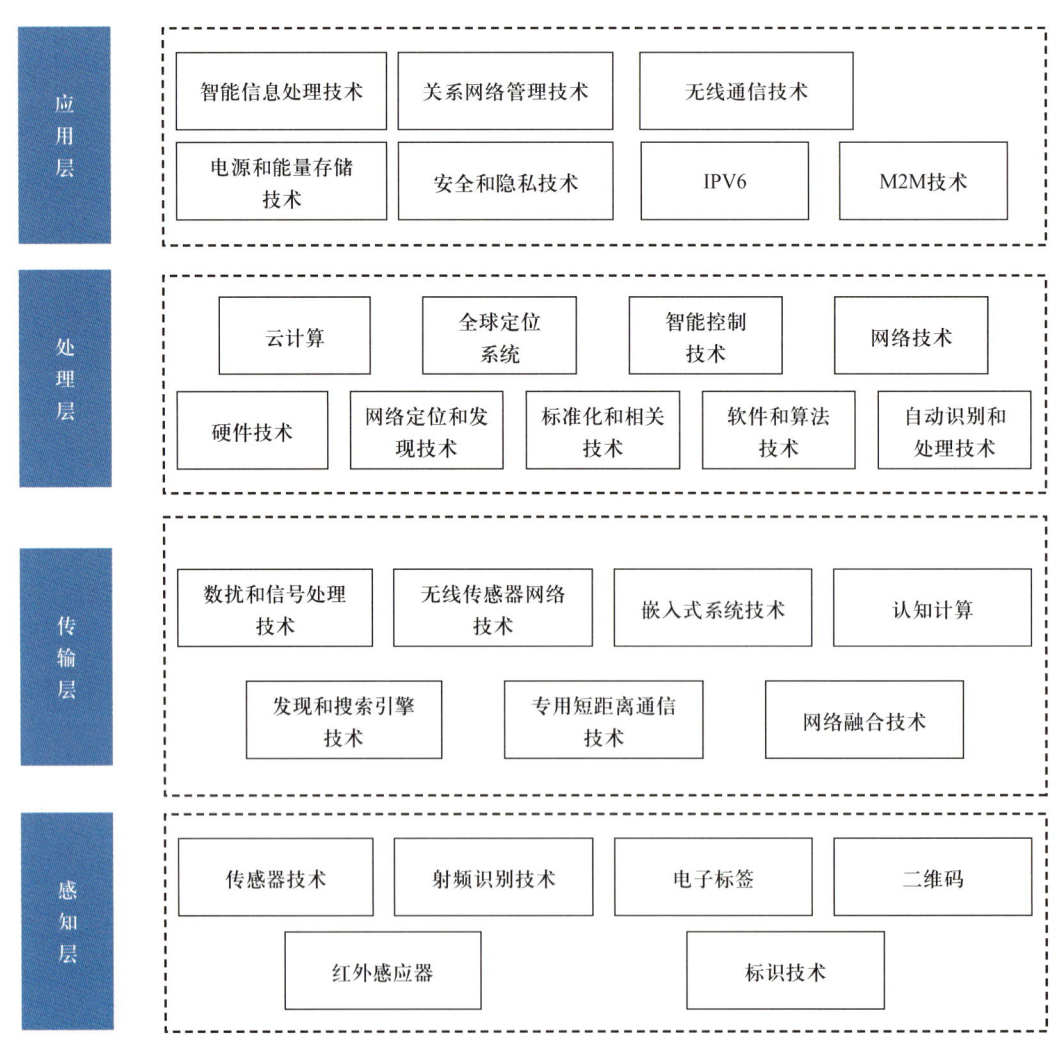

图 2-13　物联网关键技术架构

二、物联网能力评价指标体系

目前存在多种针对物联网领域相关能力的评价方法。

物联网系统评价指标体系可以从网络性能指标、用户感知指标和应用指标三个维度进行评价。

（1）网络性能指标：包括覆盖、干扰、容量、完整、接入和保持等六个方面。覆盖指标衡量网络覆盖范围和信号质量；干扰指标评价网络抗干扰能力；容量指标反映网络承载能力；完整性指标评价网络的安全性和可靠性；接入指标衡量网络接入速度和效率；保持指标则反映网络的稳定性和可用性。

（2）用户感知指标：包括响应时间、吞吐量、丢包率、延迟等。响应时间反映用户请求响应的速度；吞吐量衡量网络传输效率；丢包率评价网络数据传输的可靠性；延迟指标衡量网络传输时延。

（3）应用指标：针对具体应用场景进行评价，如连接数、并发用户数、在线时长等。连接数反映设备与网络的连接情况；并发用户数评价系统应对高并发请求的能力；在线时长则衡量系统的可用性和稳定性。

在具体评价过程中，可以采用定性评价和定量评价相结合的方法，如模糊综合评价法、层次分析法等。针对不同应用场景和需求，可以灵活调整评价指标和权重，以实现更准确的评价效果。

同时，可以从物联网系统的不同方面来构建评价指标体系。

（1）感知控制层指标：这一层的指标主要关注物联网设备的感知能力和控制能力。例如，设备的感知精度、响应速度、控制稳定性等。

（2）网络传输层指标：这一层的指标主要关注物联网设备的网络连接能力和数据传输能力。例如，设备的网络覆盖范围、信号质量、数据传输速度、丢包率等。

（3）应用服务层指标：这一层的指标主要关注物联网应用的服务质量和效果。例如，应用的可用性、稳定性、安全性、用户体验等。

（4）系统综合指标：这一层的指标主要关注整个物联网系统的综合性能和效率。例如，系统的响应时间、吞吐量、能量效率、成本等。

在构建评价指标体系时，需要考虑不同层次之间的关联和影响。例如，感知控制层的指标会影响网络传输层的性能，而网络传输层的指标也会影响应用服务层的体验。因此，需要在不同层次之间进行协调和优化，以实现整体最优的物联网系统性能。

此外，还需要考虑不同应用场景的需求和特点。不同的应用场景对物联网系统的要求不同，例如智能家居需要高可靠性和低功耗的设备，而智能交通需要高实时性和大容量的数据传输。因此，需要根据应用场景的需求来调整评价指标和权重，以实现最优的评价效果。

GB/T 36468—2018《物联网系统评价指标体系编制通则》规定了物联网系统评价指标体系的编制原则、体系结构、指标描述以及设计原则。指标体系主要有系统架构类指标、系统功能类指标和系统安全类指标。系统架构类指标描述了关于系统管理、兼容与互操作以及功能操作的相关指标，用系统架构类的设计、开发和实现。系统功能类指标包括通用功能、感知控制、职务支撑、资源交换、运维管控和用户系统等指标，用于系统功能的实现。系统安全类指标包含可信、信息安全、隐私保护、可靠性、弹性和功能安全几个指标，用于系统安全防护设计。

物联网系统评价指标体系具体包括系统架构类、系统功能类、系统安全类和系统质量类等分级指标。物联网系统评价指标体系可包括一级评价指标和二级评价指标，并根据行业自身特点设立多级指标。

系统架构类（A1）包括系统管理、兼容与互操作和功能组件三个一级评价指标，在三个一级评价指标下，分为11个二级评价指标，如图2-14所示。

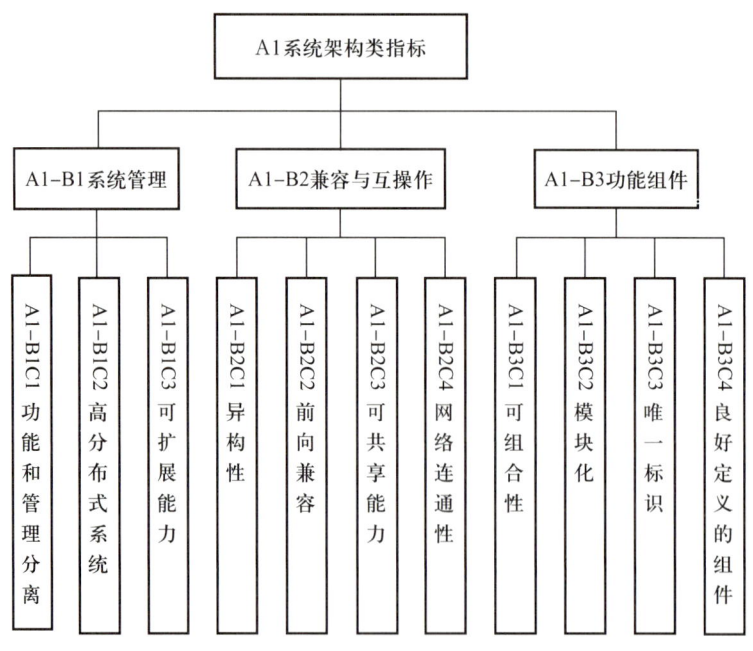

图2-14　物联网技术体系架构

系统功能类（A2）指标包括通用功能、感知控制、服务支撑、资源交换、运维管控和用户系统六个一级指标，在六个一级指标下，分为37个二级指标，如图2-15所示。

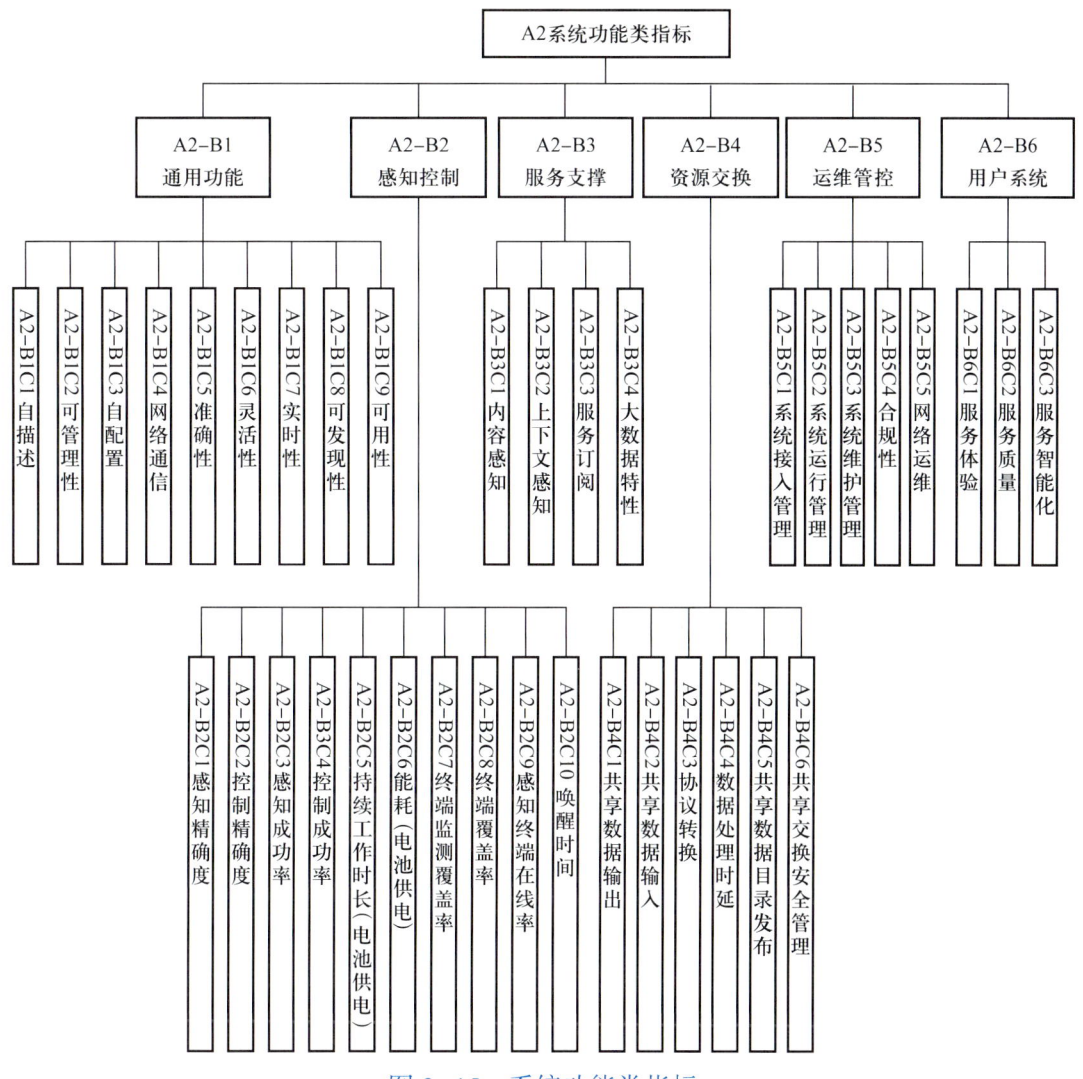

图2-15　系统功能类指标

系统安全类（A3）指标包括可信、信息安全、隐私保护、可靠性、弹性和功能安全六个一级指标，在六个一级指标下分为23个二级指标，如图2-16所示。

系统质量类（A4）指标包括质量和测试验证、质量和测试监管、反馈和纠错三个一级指标，如图2-17所示。

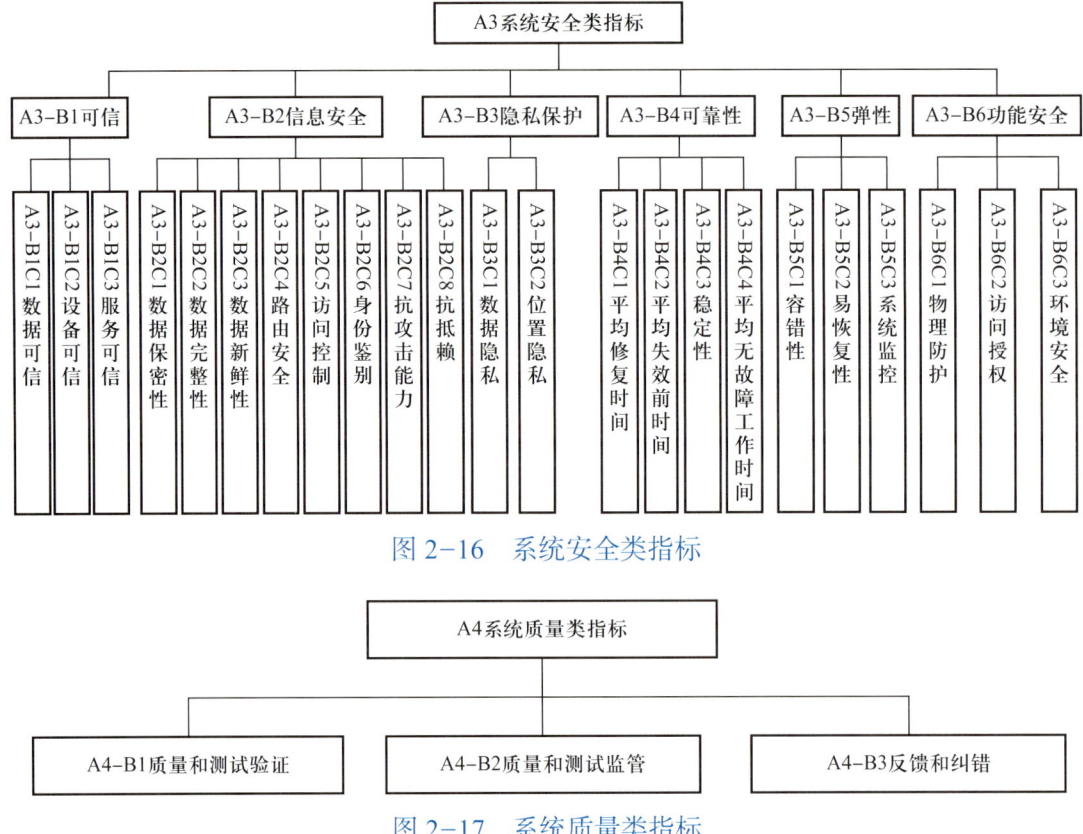

图 2-16 系统安全类指标

图 2-17 系统质量类指标

第三节 大数据技术体系及评价方法

一、大数据技术体系

大数据技术是指大数据的应用技术，涵盖各类大数据平台、大数据指数体系等大数据应用技术。它涉及从数据采集、存储、搜索、共享、传输、分析和可视化等各个方面。大数据系统是一个复杂的结构，能够为不同的数据提供其生命周期不同阶段的数据处理功能，在不同的应用过程中，大数据系统可以纵向的分为多个不同的数据处理阶段，在横向上可以分为多个不同的层次。大数据平台需要包括文件系统、数据存储、引擎功能、计算框架、数据分析、数据集成、操作框架等部分构成，如图 2-18 所示。随着大数据技术体系的不断成熟，内部技术构成不断分化，从面向海量数据的存储、处理、分析等需求的核心技术，延展到数据管理、流通、安全等配套技术，逐渐形成了层次清晰、分工完备的大数据技术体系。

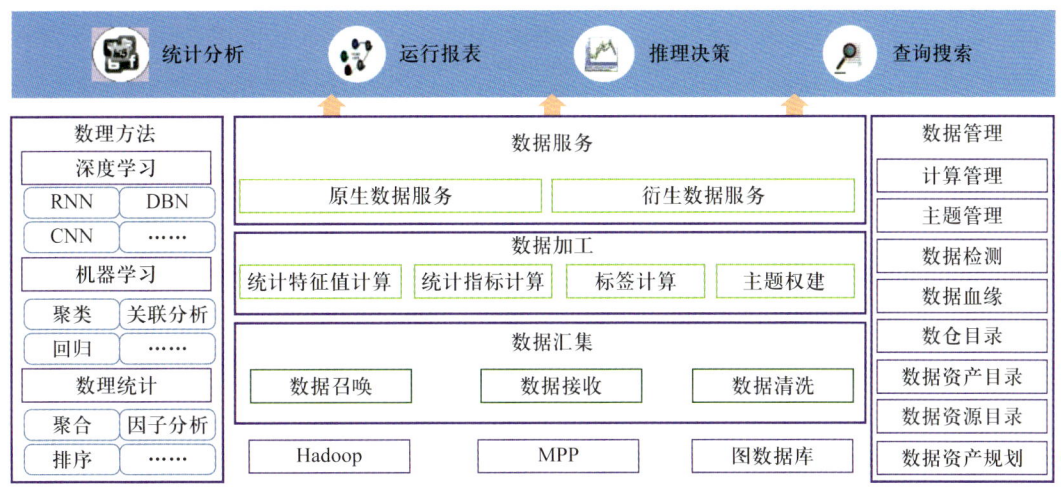

图 2-18 大数据平台架构

二、数据管理能力成熟度评价方法

GB/T 36073—2018《数据管理能力成熟度评价模型》规定了组织进行数据管理、评价的能力成熟度模型，包含了数据战略、数据治理、数据架构、数据应用、数据安全、数据质量管理、数据标准、数据生命周期管理等关键过程域，描述了每个过程域的建设目标和度量标准，可以作为组织进行数据管理工作的参考模型。

在此基础上，GB/T 36073—2018 的主要起草单位中国电子技术标准化研究院联合产学研用共 11 家组织机构，研制发布了《数据管理能力成熟度评价模型》（DCMM）。该模型定义了数据战略、数据治理、数据架构、数据应用、数据安全、数据质量、数据标准和数据生存周期八个核心能力域及 28 个过程域，描述每个能力域的定义、功能、目标和标准，具体如图 2-19 所示。DCMM 将数据管理能力成熟度划分为五个等级，自低向高依次为初始级、受管理级、稳健级、量化管理级和优化级，不同等级代表企业数据管理和应用的成熟度水平不同。DCMM 成熟度评价等级见表 2-4。

通过 DCMM 评价，可帮助组织发现自身数据管理存在问题，分析与行业最佳实践的差距，识别自身优势、劣势，为今后数据管理能力提升制定行动路线图。

DCMM 是针对一个组织数据管理、应用能力的评价框架，通过数据能力成熟度模型，组织可以清楚地知道自身所处的发展阶段以及未来的发展方向。DCMM 作为我国首个数据管理领域的国家标准评价模型，是我国数据管理领域最佳实践的总结和提升。

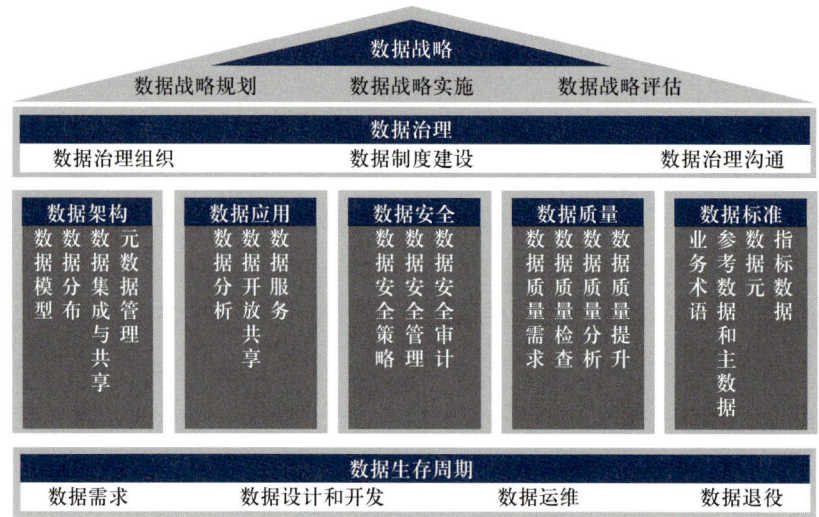

图 2-19　DCMM 数据管理能力成熟度评价模型

表 2-4　DCMM 成熟度评价等级

成熟度评价等级	描述
初始级	数据需求的管理主要是在项目级体现，没有统一的管理流程，主要是被动式管理
受管理级	组织已意识到数据是资产，根据管理策略的要求制定了管理流程，指定了相关人员进行初步管理
稳健级	数据已被当作实现组织绩效目标的重要资产，在组织层面制定了系列的标准化管理流程，促进数据管理的规范化
量化管理级	数据被认为是获取竞争优势的重要资源，数据管理的效率能量化分析和监控
优化级	数据被认为是组织生存和发展的基础，相关管理流程能实时优化，能在行业内进行最佳实践分享

第四节　云计算技术体系及评价方法

一、云计算技术体系

云计算技术将其自身呈现在用户面前的具体实现形式称为云计算服务（简称"云服务"），云计算也只有通过服务的形式才可以展现出其自身独有的特征和优势，从而云用户才能切实地感受到云计算的存在。美国国家标准技术研究院（National Institute of Standards and Technology，NIST）将云计算服务模式划分为3类：基础设施即服务（Infrastructure as a Service，IaaS）、平台即服务（Platform as a Service，PaaS）以及软件即服务（Software as a Service，SaaS）。

云计算可以按需提供弹性资源，是一系列服务的集合。结合当前云计算的应用与研究，其体系架构可分为核心服务、服务管理、用户访问接口三层，如图2-20所示。核心服务层将硬件基础设施、软件运行环境、应用程序抽象成服务，这些服务具有可靠性强、可用性高、规模可伸缩等特点，满足多样化的应用需求。服务管理层为核心服务层提供支持，进一步确保核心服务的可靠性、可用性与安全性。用户访问接口层实现端到云的访问。

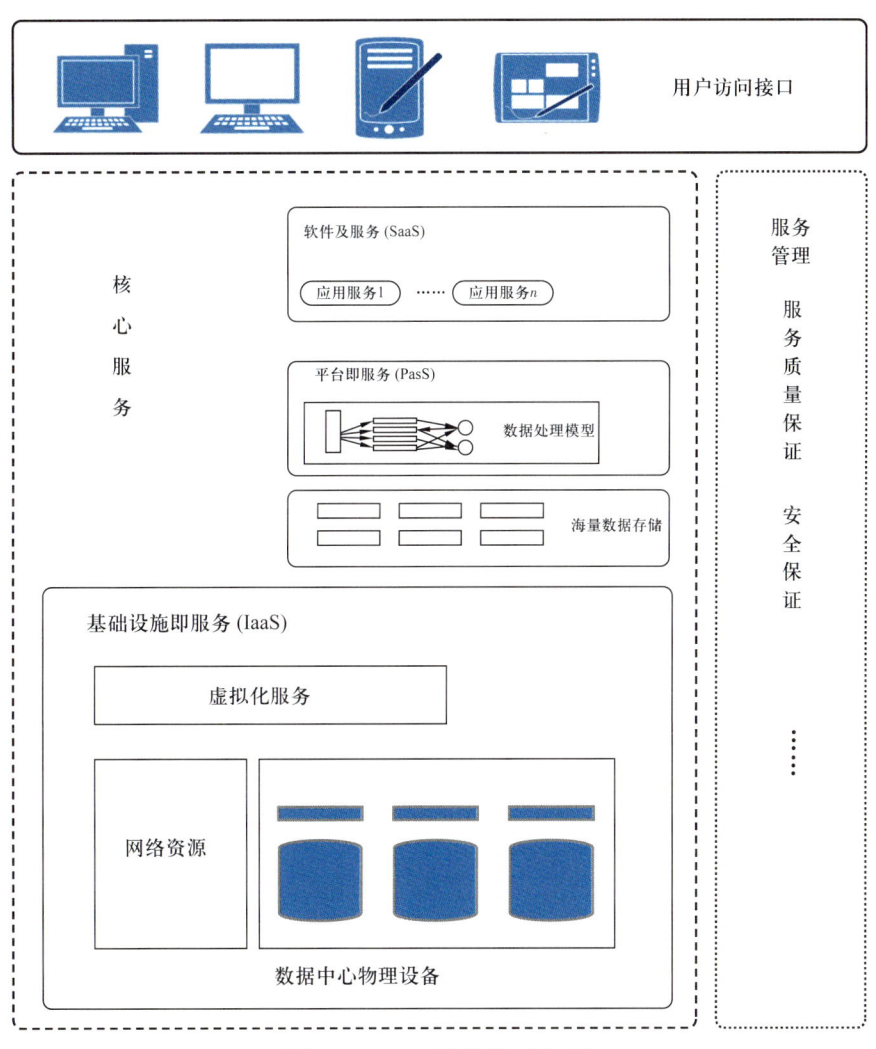

图2-20　云计算体系架构

云计算服务的本质是通过网络提供服务，所以其体系结构以服务为核心，且云计算技术体系结构为层次化体系架构，结构如图 2-21 所示。包含四层：物理资源层、虚拟资源池层、管理中间件层以及业务层。

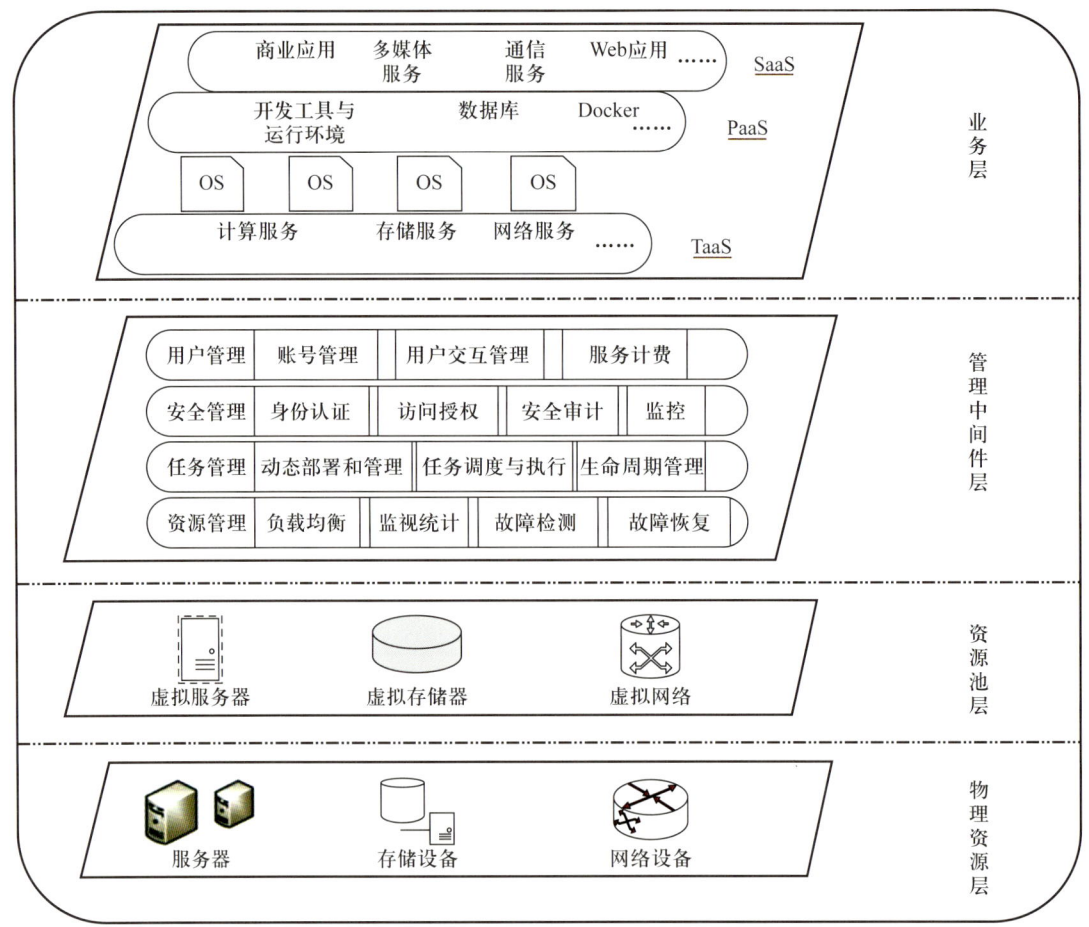

图 2-21 云服务技术架构

其中，业务层面向 SOA 构建，将各种云计算资源层服务封装成标准 WS 提供给用户，从而用户可以通过业务层构建自己的应用，面向 SOA 的服务体系管理包括注册、查找、调用服务以及构建服务工作流等。

管理中间件层实现对云计算所有层次服务的用户管理、安全管理、任务管理以及资源管理等功能，进行合理调度应用任务提供用户高效、安全地访问资源的能力。

资源池层面向基础架构采用虚拟化技术对物理资源进行集成和管理，即将大量类型相同或相似的资源虚拟化为同构或接近同构的资源池。

物理资源层作为云计算体系结构的基础层，由服务器、存储设备以及网络设备等各种物理硬件设备组成。

二、云服务质量评价指标体系

GB/T 37738—2019《信息技术　云计算　云服务质量评价指标》作为一部国家标准适用于为云服务提供商评价自身云服务质量提供方法、为云服务客户选择云服务提供商提供依据和为第三方实施云服务质量评价提供参考。在该标准中用安全性、可用性、可靠性、响应性、满意度和可保障性等特性表征云服务质量，每个特性包含若干指标。云服务质量评价指标按照云服务质量的各项特性进行描述，具体指标如图2-22所示。评价参与方一般指云服务提供商、云服务客户或第三方。在实施评价时，评价参与方参考评价指标中给出的参考值，确定指标分值，然后将指标分值与指标权重进行加权计算，得出最后的合计分值。指标权重由评价参与方协商并达成一致。鉴于安全性涉及的因素太多且多变，需要服从国家法律法规和相关标准以及云服务接受者的特定需求，往往需要在服务合同中确定。建议安全的合规性作为服务质量评价的前提。在安全性合规的前提下对合同范围内的云服务进行指标选择及计算。

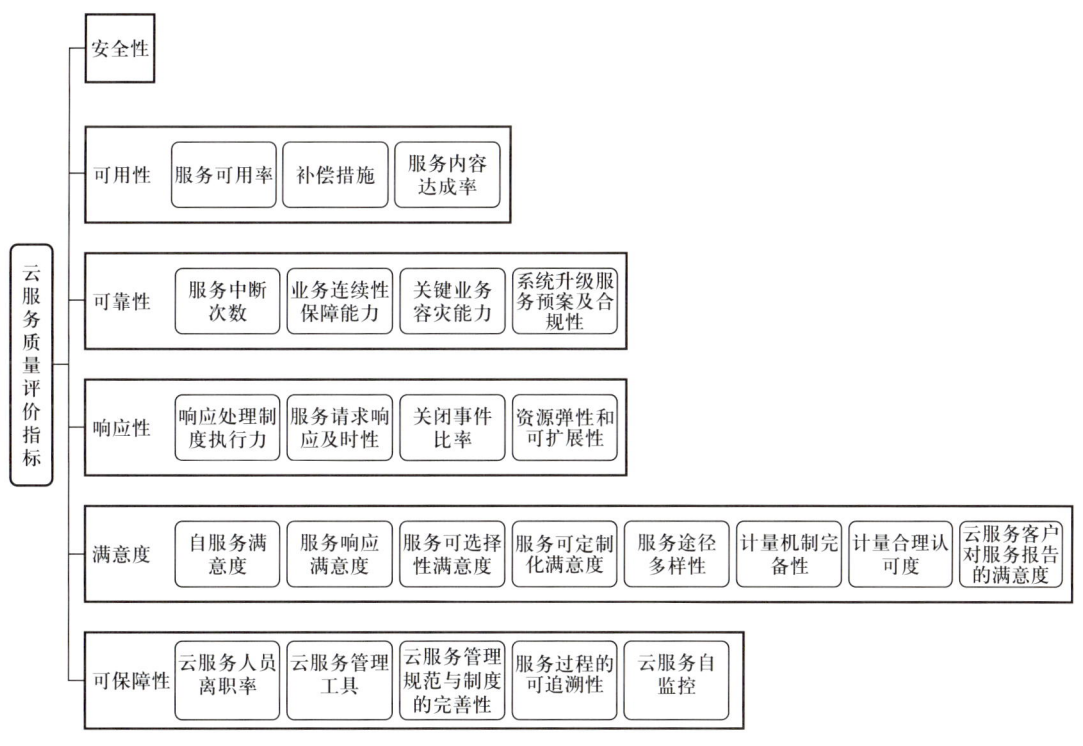

图 2-22　云服务质量评价指标

安全性指标用于描述云服务提供方在服务过程中保障信息及相关资源安全的能力。根据服务角色、服务类型的不同，安全性的指标应依据我国相应法律法规和标准，以及服务合同的要求，以达到合法合规的评价前提。

可用性指标用于描述云服务在服务协议规定的条件下处于可执行规定状态的能力，具体包括服务可用率、补偿措施以及服务内容达成率共三项指标。

可靠性指标用于描述云服务提供商在规定条件下和规定时间内履行服务协议的能力，服务的连续性保障能力以及服务的容灾能力。指标具体包括服务中断次数、业务连续性保障能力、关键业务容灾能力和系统升级服务预案及合规性。

响应性指标用于描述云服务提供商为云服务客户迅速提供及时的、有效的弹性扩展的服务能力。指标具体包括响应处理制度执行力、服务请求响应及时性、关闭事件率和资源弹性和可扩展性。

满意度指标用于描述客户对于云服务提供商所提供服务的满意度状况。指标具体包括自服务满意度、服务响应满意度、服务可选择性满意度、服务可定制化满意度、服务途径多样性、计量机制完备性、计量合理认可度和云服务客户对服务报告的满意度。

可保障性指标用于描述云服务提供商在提供服务过程中对人力、物力的规范性保障能力。指标具体包括云服务人员离职率、云服务管理工具、云服务管理规范与制度的完善性、服务过程的可追溯性以及云服务自监控。

云服务提供商、云服务客户、第三方在发起云服务质量评价时，因立场的不同导致对期望的评价结果不同，需综合考虑评价的整体场景、指标的选用、权重的设置及结果的应用等因素。一般而言，主要评价目的包括由云服务客户发起的，针对某个云服务项目的质量情况进行评价，从而对云服务提供商在此项目上的服务效果进行评价，或者由云服务提供商发起的，针对自身所提供的所有云服务项目的质量情况进行评价，从而分析差异，改进云服务提供商的服务能力，抑或由第三方发起（如行业监管机构），针对某行业或某类型的云服务项目进行客观公正评价，并得出在行业内或某服务类型的评价对比结果。

按照云服务质量评价方法进行评价而获取的评价结果，可指导云服务提供商持续改进服务质量、为第三方提供评价云服务质量的方法和依据、为云服务客户进行服务质量监督提供参考。

第三章
工业领域智能化成熟度评价方法

第一节 国际工业领域智能化成熟度评价模型

一、美国制造成熟度评价模型

为了更好地开展技术和风险管理，20世纪80年代美国航空航天局（NASA）提出了度量技术风险的工具——技术成熟度等级（Technology Readiness Level，TRL）。目前技术成熟度已经广泛应用于美国及欧洲国家的装备采办项目管理过程中。TRL能够准确地度量技术和设计的成熟状况，发现潜在的问题，从而降低采办风险，有效地缓解装备采办"拖、降、涨"的现象。但在关键决策点处以及在采办的主要流程中，还缺乏一个能科学度量制造风险的工具。因此，美国国防部推出了制造成熟度等级（Manufacturing Maturity Level，MRL），以提升采办过程中科学技术转化的效率，使新技术能更快地应用到武器系统中，形成完整的成熟度评价体系，对产品生产的经济有效性进行定量化评价。

2001年，美国三军联合制造技术委员会在技术成熟度的基础上构建了制造成熟度评价模型。2007年2月，美国国防部颁布了《制造成熟度等级指南》，制造成熟度被正式运用到美军项目采办管理过程中。随后，美国国防部陆续在2008年3月和2009年5月颁布了《制造成熟度评价手册》，2010年1月以及2011年5月和7月颁布了《制造成熟度等级手册》，在这些文件中将制造成熟度划分为10个等级，在项目转入制造过程前利用MRL对关键技术进行跟踪和控制。

制造成熟度是美军用于控制制造风险的项目管理工具。其基于技术成熟度，同时是技术成熟度的扩展，加强了对装备生产的经济有效性的评价。在评价使用过程中，美国国防部划分的制造成熟度十个等级与技术成熟度的九个等级相对应，具体情况如下：

（1）MRL1：确定制造的基本含义。

MRL1 是最低的制造成熟度等级，其重点是确定实现计划目标所需要解决的制造缺陷和时机的问题，将以学习研究的形式开始基础研究。

（2）MRL2：识别制造的概念。

MRL2 级别的特点是描述新制造概念的应用。开展应用研究，将基础研究转换为广泛军事需求的解决方案。通常情况下此成熟度等级包括：鉴定、论文研究和材料及工艺方法分析。体现出对制造可行性和风险的认识。

（3）MRL3：制造概念得到验证。

MRL3 级别开始通过分析或实验室试验验证制造概念。应用研究和预先研制技术是此级别成熟度的典型技术。已描述材料和/或工艺的可制造性及可行性，但需要进一步的评价和验证。已经在实验室环境中完成可能具有有限功能的试验性硬件。

（4）MRL4：具备在实验室环境下的制造技术能力。

MRL4 等级的制造成熟度作为输出标准，促进装备方案分析（MSA）阶段逐步形成里程碑 A 决策。技术成熟度应至少达到 TRL4 级。此等级表明，该技术已经为采办的技术发展阶段做好准备。这时，所需的投资（如制造技术的发展）也已确定。确保制造、产能和质量的工艺已经到位，并足够制造技术样品。建造原型的制造风险已得到识别，并形成应对计划。已经设立了目标的成本指标并识别制造成本的来源。完成设计概念可生产性的评价。确定了主要设计性能参数，以及所有必要的特殊工具、设施、材料处理和技能。

（5）MRL5：具备在相关生产环境下制造零部件原型的能力。

MRL5 成熟度等级是采办技术发展阶段典型或关键技术先期技术演示（ATD）项目的中间点，技术成熟度应至少达到 TRL5。已评价产业基地，以确定潜在的制造资源。制造战略与风险管理计划融合并得到完善。完成使能/关键技术部件的识别。在相关生产环境下验证了零部件级原型样品的材料、工具和测试设备，以及人员技能，但许多生产工艺和步骤仍在开发过程中。已经启动或正在进行制造技术的研发工作。正在进行关键技术和部件的可生产性评价。已构建成本模型用于评价规划的制造成本。

（6）MRL6：具备在相关生产环境下生产原型系统或子系统的能力。

MRL6 级别成熟度与里程碑 B 决策相关，将启动采办计划，进入采办的工程与制造发展（EMD）阶段。技术成熟度应至少达到 TRL6。该级别制造成熟度通常意味着初步系统设计获得认可。初始制造方法已经产生。大多数制造过程已定义和描述，但系统自身仍有显著的工程和/或设计变化。然而，初步设计已经完成，并完成关键技术和零部件的产能评价和转换研究。相关生产环境下验证了系统和/或分系统原型样品的生产工艺和技术、材料、工具和测试设备，以及人员技能。执行成本、产量和比率分析，评价原型试验数据与目标指数的对比情况，以及项目是否具有恰当的风险控制以达到成本需求或建立新的基线。这种分析应包括设计转换。考虑可生产性形成系统发展计划。已经完成里程碑B的工业能力评价（ICA）。长周期和关键的供应链要素已经确定。

（7）MRL7：具备在典型生产环境下生产系统、子系统或部件的能力。

MRL7制造成熟度等级是工程和制造发展（EMD）阶段典型的中间点，开始关键设计审查后（Post-CDR）评价。技术应该在达到TRL7的过程中。系统的详细设计活动已接近尾声。已批准材料规范书，材料满足所计划的试生产线建设时间表。在典型生产环境下验证了制造工艺和程序。完成详细的可生产性转换研究，正在增强可生产性并进行风险评价。成本模型对详细设计进行了更新，达到系统级水平，并对分配目标进行跟踪。降低单位成本的工作已经优先开展并正在进行。产量和比率分析已更新了典型生产数据。对供应链和供应商的质量保证进行了评价，长周期采购计划到位。已经制定生产计划和质量目标。生产工具和测试设备的设计和开发已经启动。

（8）MRL8：试生产线能力得到验证；准备开始小批量生产。

MRL8级别成熟度与里程碑C决策相关，并进入小批量生产（LRIP）。技术成熟度应至少达到TRL7。系统的详细设计已经完成并足够稳定，可进入小批量生产。在试产线环境下验证了所有的材料、人力、加工、测试设备和设施，可满足计划的低速率生产进度。制造和质量控制工艺和步骤在试产线环境得到验证和控制，为小批量生产做好准备。已知可生产性风险没有给小批量生产带来重大挑战。成本模型以及产量和比率分析已更新了试生产数据。供应商的资格测试和首件检查已经完成。里程碑C的工业能力评价已经完成，并表明供应链已建立可支持LRIP。

（9）MRL9：小批量生产得到验证，开始大批量生产的能力到位。

在MRL9级别，系统、部件或产品已事先制造、正在制造或成功地实现了小批量生产。技术成熟度应达到TRL9。此成熟度级别与进入大批量生产（FRP）的成熟度相关。所有系统的工程/设计要求应已得到满足，比如系统有微小变化。主要的系统设计的特征是稳定的，并在测试和评价中证明。原材料、零部件、人力、工具、测试设备和设施满足计划的生产进度。在小批量生产环境中的制造工艺能力是在适当的质量水平，满足设计关键特性的公差范围。生产风险监测工作正在进行。LRIP成本目标已经实现，学习曲线已经用实际数据进行分析。已为大批量生产建立费用模型，反映出不断改进的影响。

（10）MRL10：大批量生产得到验证和转向精益生产。

MRL10是制造成熟度最高等级。技术成熟度应已达到TRL9。此制造等级通常与采办生命周期的使用与保障阶段相关。工程/设计变更很少，一般仅限于质量和成本的改进。系统、部件或产品全速率生产，满足所有的工程、性能、质量和可靠性要求。所有材料、加工、检验和测试设备、设施和人力到位，并已达到全速率生产的要求。批量生产的单位成本达到目标，资金满足生产所需的比率。精益生产行之有效，并在持续不断地改进。

2008年美国国防部指出要将MRL贯穿到装备采办各阶段的管理工作中。在装备方案分析阶段要求对设计方案进行分析，同时开展制造可行性评价。技术开发阶段利用原型样件或样机对制造工艺成熟水平进行评价。工程与制造研发阶段的关键设计评审获得通过后，要进行关键制造工艺的成熟度评价，制造工艺在试生产环境中得到充分验证之后，才能结束工程与制造研发工作。生产与部署阶段，发现并消除了所有重要的制造风险隐患，达到制造全过程可控的目标。将MRL和TRL结合使用，能够帮助处理产品研究、开发、设计技术和制造技术存在的风险。MRL还可用来验证并促进新产品、新技术成功应用到武器系统中，在装备采办和科研项目的科学管理中起到了关键作用。

《制造成熟度等级手册》中描述了制造成熟度与里程碑决策点、采办全寿命周期、技术成熟度、技术评审的关系，如图3-1所示。在关键里程碑决策点之前，都应开展制造成熟度评价（MRA），确认所有制造风险领域，制定制造成熟计划（MMP）。里程碑A，装备方案分析阶段，制造成熟度的目标等级为MRL4。里程碑B，技术开发阶段，要求达到MRL6的目标等级。里程碑C，工程和制造研制阶段，开展小批量生产（LRIP）时要达到MRL8的目标等级，开展大批量生产（FRP）时要达到MRL9的目标等级。

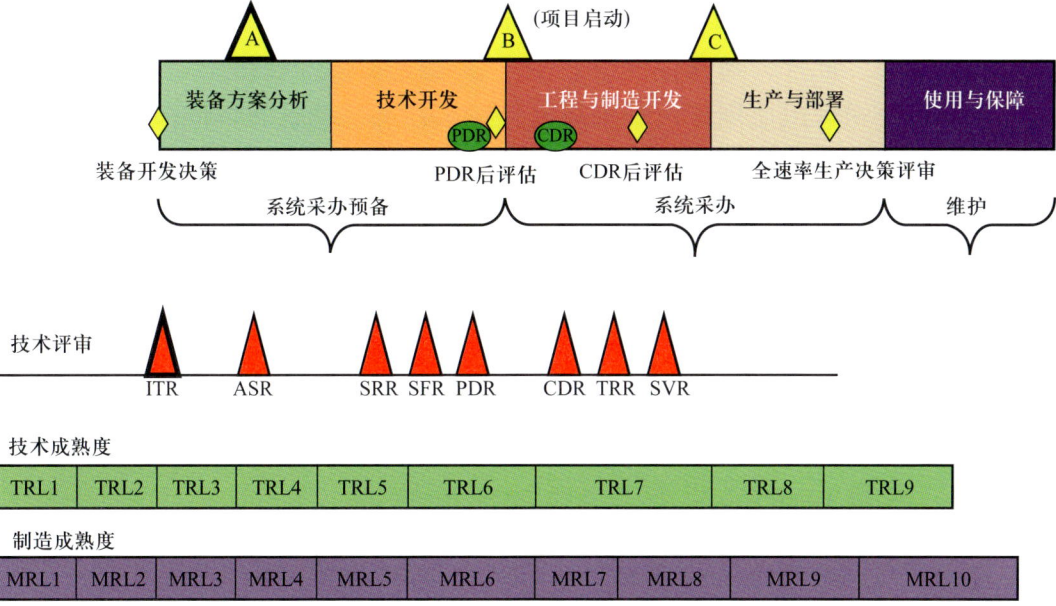

图 3-1　制造成熟度与里程碑决策点、采办全生命周期、技术成熟度和技术评审之间的关系

二、美国智能制造就绪度水平评价模型

智能制造就绪度水平（Smart Manufacturing System Readiness Level，SMSRL）是一种衡量制造公司使用智能制造概念的准备程度，并假设智能制造本质上是密集使用信息和通信技术来提高制造系统性能的指标。SMSRL 指数的准备就绪模型基于工厂设计和改进（FDI）活动模型。FDI 包括四个维度——组织成熟度、信息技术成熟度、绩效管理成熟度和信息连接成熟度。组织成熟度是指制造商如何执行活动，无论是正式管理每项活动的流程（即自动化）还是由人来负责过程（即机械化）。信息技术的成熟表明数字工具和方法的存在。绩效成熟度涉及绩效指标的使用和监控程度。信息连接的成熟度反映了用于交换所需信息方法的复杂性以及信息共享／交换的程度。SMSRL 针对组织的各个方面计算了成熟度指标，并采用定性和定量方法对经验指标进行了验证。该评价模型包括战略、领导、客户、产品、运营、文化、人、治理和技术等九个维度62 个评价指标。在这个成熟度模型中，通过对每个封闭式问题使用 Likert5 点尺度进行评价调查，经调查结果计算加权点，确定公司智能制造就绪度。

总体而言，SMSRL 模型还非常粗略，也过于简单，衡量的指标不够全面。虽然 NIST 也同样初步开发了智能制造参考模型，但 SMSRL 模型并未以此为基础，而是基于 FDI 活动参考模型（该模型为 SMSRL 的相同作者）。但是，其从工厂规划和设计的角度来阐述智能制造能力成熟度确实不失为一种独特、可借鉴的视角。此外，与其他模型一样，SMSRL 评价的输出主要是描述性的。在评价后，公司可以使用该模型来规定目标来提高准备状态，但该模型尚未包括实现这些目标的指导方针。评价背后的 FDI 活动模型侧重于工厂改进任务，而不是日常的工厂操作任务，并且在供应链和物流操作方面存在弱点。SMSRL 评价中的 IT 成熟度维度将评价制造公司作为准备就绪评价的一部分所使用的软件功能。其中一些软件功能可能被认为是智能制造能力，从而导致 SMSRL 准备就绪指数与智能制造成熟度评价重叠。可能需要展开 FDI，这样可以避免这种重叠。

三、德国 IMPULS 工业 4.0 就绪度指数

该模型将制造企业工业 4.0 就绪度水平分为外来者、初学者、中级（或学习者）、经验丰富的专家和最终表现最好的人等五级，包括六个维度和 18 个项目。六个维度分别是：（1）组织战略，该战略解决了工业 4.0 企业的战略规划和控制；（2）智能工厂其目标是分布式、高度自动化生产环境（例如数字建模、设备基础结构、数据使用、IT 系统）；（3）智能操作，旨在实现企业范围和跨企业的物理和虚拟世界集成（例如，信息共享、云使用、IT 安全、自主流程）；（4）智能产品，旨在促进自动化、灵活、高效的生产管理，以及创建新的数据驱动服务（即，诸如自动驾驶汽车等产品的 ICT 附加功能，识别、本地化、自我报告）；（5）数据驱动的服务，通过服务支持新的运营效率和收入流（即数据驱动的服务的可用性）恶习，来自数据驱动服务的收入份额，所使用数据的份额；（6）员工，这有助于实现数字化转型（即数字技能）。此外，中小企业可以在其中确定其对工业 4.0 的准备程度。

总体来看，IMPULS 工业 4.0 的模型构架优美，系统详尽明确定义了每个阶段的开发步骤，确定各阶段的主要障碍、障碍和行动计划，非常完整。但是，6 个维度是一种通用模型，并非类似工业 4.0 的 RAMI 参考模型，具一般性但却有失针对性；评价模型的各阶段其实是数字化转型能力。此外，该模型专注于制造业和工程行业，应用范围有限。

四、新加坡智能产业准备指数

新加坡经济发展委员会 2017 年推出新加坡智能产业准备指数 SIRI，成为世界上第一个政府提出的评价第四届工业革命期间工业部门转型的工具。该倡

议最初是根据参考架构模型工业 RAMI 框架提出的，旨在评价各种工业应用和企业规模，包括中小企业和跨国公司。学者和现场专家检查了该指数是否适合实际应用，以进一步评价与行业 4.0 相关的公司进展。新加坡智能产业准备指数包括三个维度（流程、技术和组织）和八个重点支柱（运营、供应链、产品生命周期、自动化、互联性、智能化、人才就绪度、组织结构与管理）。这些支柱被进一步划分为 16 个评价指标，代表了一个组织的重要组成部分。该指数提供了一个评价矩阵，公司可以根据 16 个维度来评价其当前的流程、系统和结构。该矩阵还详细说明了改进指南，公司必须遵循每个维度的步骤。

虽然该指数提供了三个基本要素（运营、技术和组织）和 8 个支柱，但它并没有为制造公司提供具体的评价规模。此外，尽管公司可以很容易地确定需要立即改进的领域，或利用外部资源来提高能力，但该指数在引入期间并没有确定公司的成熟度。

五、普华永道工业 4.0 就绪度评价模型（RAMI）

2016 年，普华永道指出工业 3.0 专注于单台机器和流程的自动化，而工业 4.0 则专注于所有物理资产的端到端数字化，并与价值链合作伙伴集成到数字生态系统中。生成、分析和通信数据无缝地支撑了工业 4.0 所承诺的收益，后者连接了广泛的新技术以创造价值。普华永道构建的工业 4.0 就绪状态评价模型基于四个阶段以及七个维度。四个阶段为数字新手、垂直集成商、横向合作者和数字冠军阶段。七个维度为：（1）数字业务模型和用户参与（如从数字解决方案和隔离的应用程序到新的数字颠覆性业务模型）；（2）产品和服务产品的数字化（如从在线状态到集成的（数字）客户旅程管理）；（3）垂直和垂直的数字化和集成水平价值链（如从数字化和自动化子流程到完全数字化、集成的流程）；（4）以数据和分析为核心功能（如从基本分析功能到预测分析）；（5）敏捷的 IT 体系结构（如来自零散的 IT 内部架构到单个数据湖的架构）；（6）法规遵从性安全，法律和税收（如从传统的内部架构到优化价值链法规遵从性）；（7）组织，员工和数字文化（如从孤岛到协作都是关键价值驱动力）。普华永道使公司能够在线评价其行业 4.0 的成熟度，并通过在线自我评价工具绘制他们的结果。在评价的最后阶段，普华永道为公司提供行动计划，使其成功达到行业 4.0 成熟度。

普华永道工业 4.0 的就绪度评价模型聚焦于工业 4.0 中的 7 个维度，但缺少实现工业 4.0 的步骤，不能很好地指导企业智能化转型升级，此外，该模型没有考虑针对行业 4.0 的企业特征。

第二节 智能制造成熟度评价方法

一、智能制造理论体系架构

智能制造是先进制造技术与新一代信息技术、新一代人工智能等新技术深度融合形成的新型生产方式和制造技术，它以产品全生命周期价值链的数字化、网络化和智能化集成为核心，以企业内部纵向管控集成和企业外部网络化协同集成为支撑，以物理生产系统及其对应的各层级数字孪生映射融合为基础，建立起具有动态感知、实时分析、自主决策和精准执行功能的智能工厂，进行信息物理融合的智能生产，实现高效、优质、低耗、绿色、安全的制造和服务。

智能制造理论体系架构旨在以功能架构模型描述构成智能制造理论体系的各个组成部分，明确各部分的主要内容及其相互关系，从而为智能制造的进一步研究、教学和实践提供框架和指导，如图 3-2 所示。

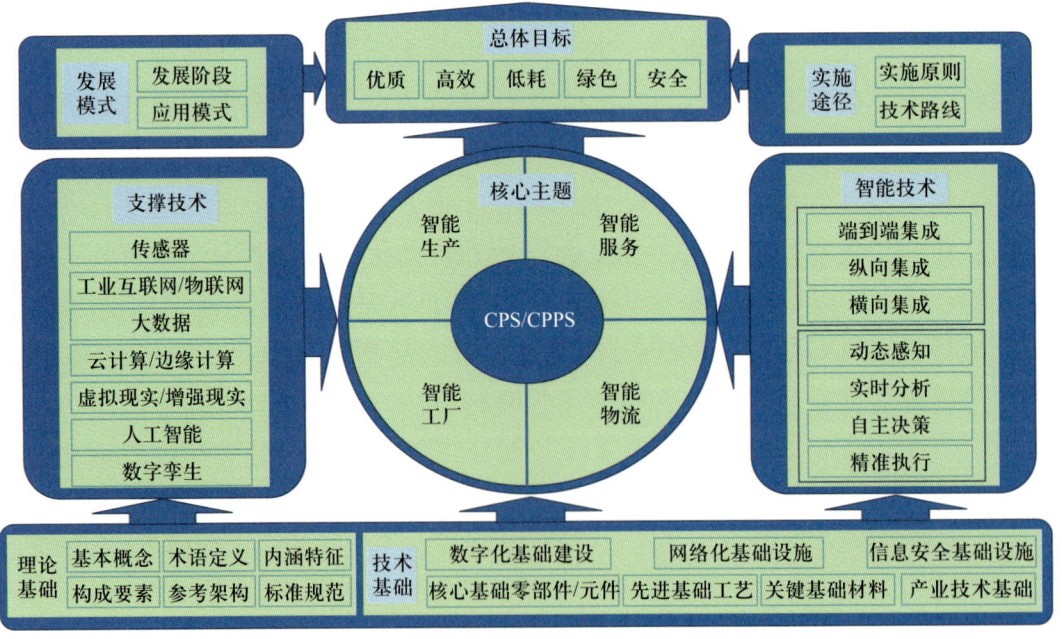

图 3-2 智能制造理论体系架构

智能制造理论体系架构的构建，体现了从基础到应用、从理论到实践、从技术到实现、从任务到目标等系统化、层次化的特点，具体表现在：聚焦总体目标"优质、高效、低耗、绿色、安全"；围绕核心主题以信息物理融合（生产）系统为核心，围绕智能工厂、智能生产、智能服务、智能物流四个主题；强化两大基础智能制造理论基础和智能制造技术基础；突出两类关键技术支撑技术和使能技术；阐明发展阶段、演进范式和可参考的应用模式，给出实施原则和具体实施步骤。

二、智能制造成熟度评价模型

GB/T 39116—2020《智能制造能力成熟度模型》及 GB/T 39117—2020《智能制造能力成熟度评价方法》创新性地结合我国企业发展实际，提出了智能制造能力成熟度模型。对智能制造内涵和核心要素进行了深入剖析，遵循了《国家智能制造标准体系建设指南（2015 版）》中对智能制造系统架构的定义，从生命周期、系统层级、智能功能 3 个维度统筹考虑，归纳为"智能 + 制造"2 个维度来解释智能制造的核心组成，进一步分解形成设计、生产、物流、销售、服务、资源要素、互联互通、系统集成、信息融合、新兴业态 10 大类核心能力要素，并对每一类核心要素分解为域和五级的成熟度要求。

智能制造成熟度评价模型由维度、类、域、等级和成熟度要求等内容组成。维度、类和域由"智能 + 制造"两个维度的展开，是对智能制造核心能力要素的分解。等级是类和域在不同阶段水平的表现，成熟度要求是对类和域在不同等级下的特征描述。智能制造能力成熟度矩阵是模型架构的具体实例，涵盖了智能制造能力成熟度模型所涉及的核心内容，是模型组成部件的展现。该模型架构可分解为人员、技术、资源和制造四大类能力要素，八个能力域及细化的 20 个能力子域，具体评价指标体系如图 3-3 所示。成熟度评价模型对每个域进行分级，每一级别对应相应的要求，构成智能制造能力成熟度矩阵，模型架构与能力成熟度矩阵的关系如图 3-4 所示。

1. 类和域

类和域代表了智能制造关注的核心要素，是对"智能 + 制造"两个维度的深度诠释。其中，域是对类的进一步分解。八大类核心要素相互作用才能达到智能制造的状态。将各种制造资源要素（人、机器、能源等）与制造过程（设计、生产、物流、销售和服务）等物理世界的实体及活动数字化并接入到互联互通的网络环境下,对各种数字化应用进行系统集成,对信息融合中的数据进行挖掘利用并反馈优化制造过程和资源要素,推动组织最终达到个性化定制、远程运维与协同制造的新兴业态(图3-5)。

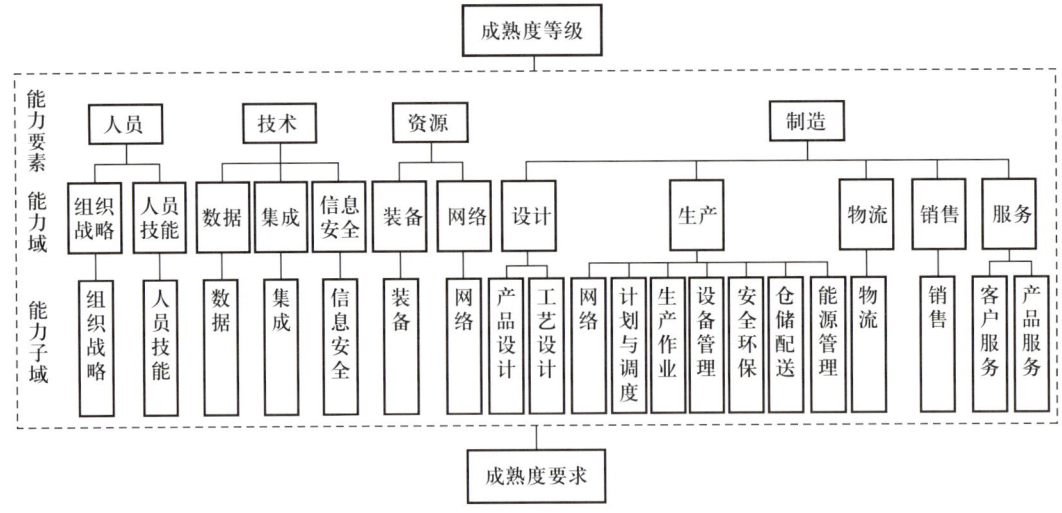

图 3-3 智能制造能力成熟度评价指标体系

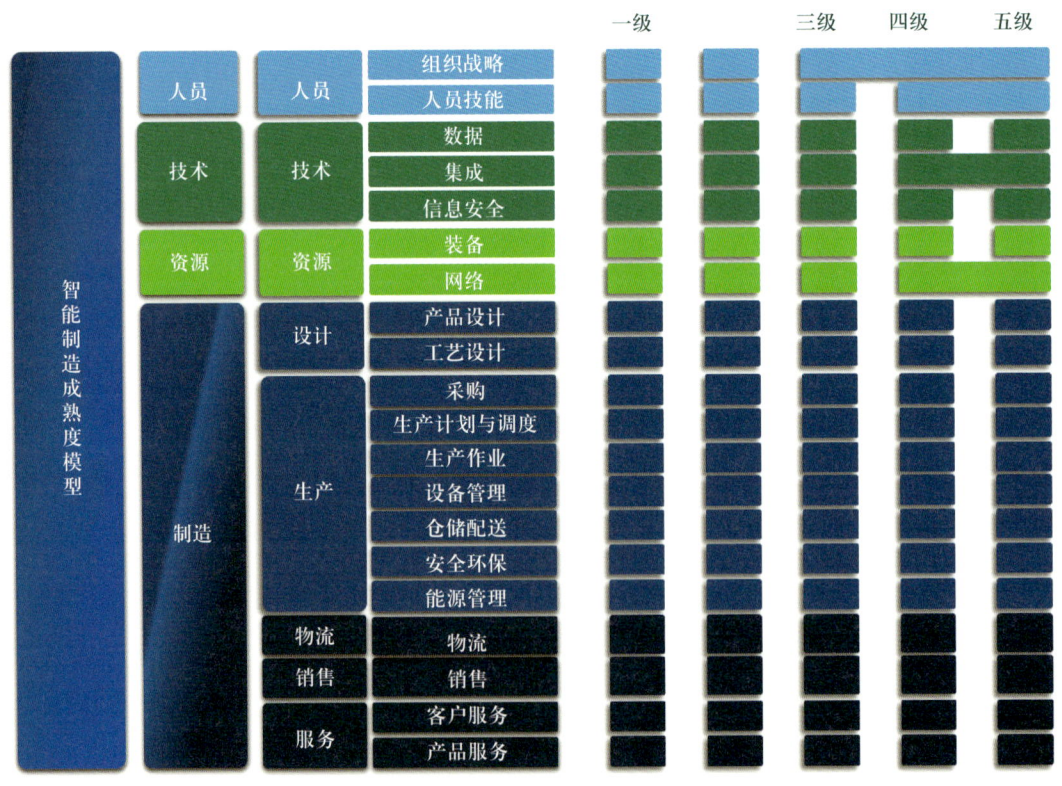

图 3-4 智能制造能力成熟度模型

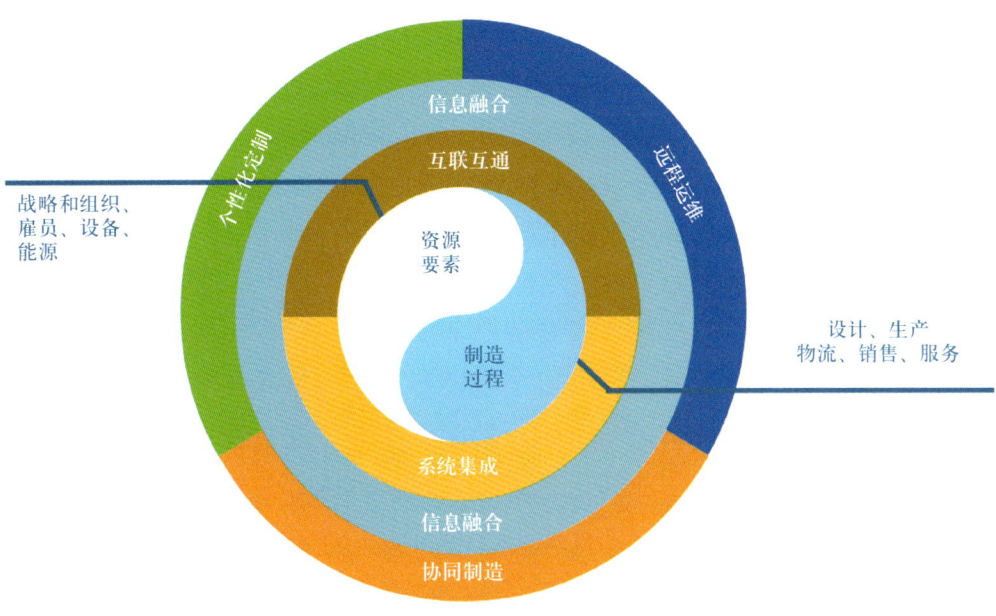

图 3-5　智能制造能力要素

2. 等级

等级定义了智能制造的阶段水平，描述了一个组织逐步向智能制造最终愿景迈进的路径，代表了当前实施智能制造的程度，同时也是智能制造评价活动的结果。智能制造能力成熟度模型共分为五个等级，如图 3-6 所示。

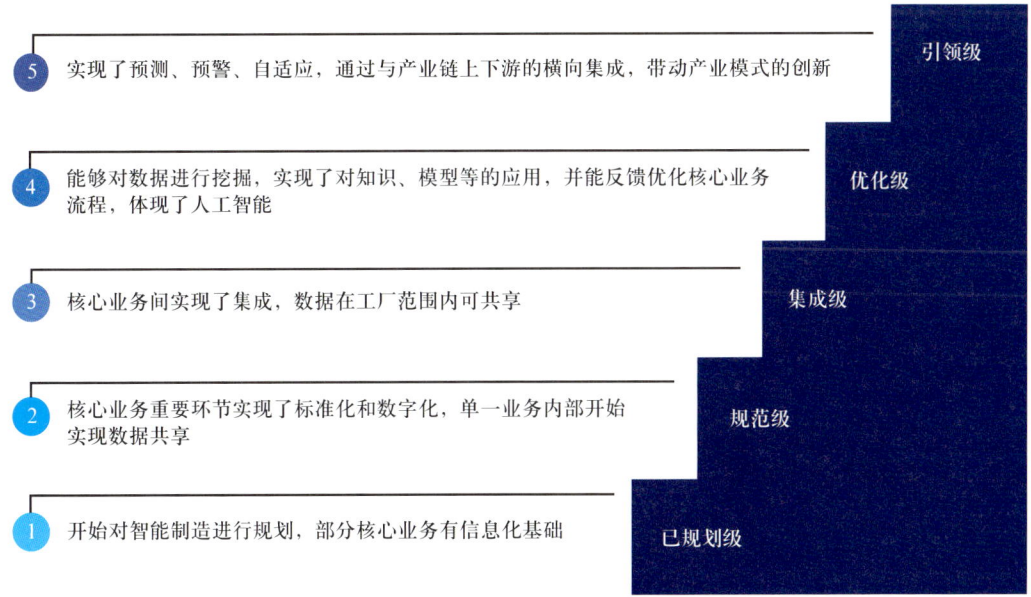

图 3-6　智能制造能力成熟度等级

（1）1级：规划级。

在这个级别下，企业有了实施智能制造的想法，开始进行规划和投资。部分核心的制造环节已实现业务流程信息化，具备部分满足未来通信和集成需求的基础设施，企业已开始基于IT进行制造活动，但只是具备实施智能制造的基础条件，还未真正进入智能制造的范畴。

（2）2级：规范级。

在这个级别下，企业已形成了智能制造的规划，对支撑核心业务的设备和系统进行投资，通过技术改造，使得主要设备具备数据采集和通信的能力，实现了覆盖核心业务重要环节的自动化、数字化升级。通过制定标准化的接口和数据格式，部分支撑生产作业的信息系统能够实现内部集成，数据和信息在业务内部实现共享，企业开始迈进智能制造的门槛。

（3）3级：集成级。

在这个级别下，企业对智能制造的投资重点开始从对基础设施、生产装备和信息系统等的单项投入，向集成实施转变，重要的制造业务、生产设备、生产单元完成数字化、网络化改造，能够实现设计、生产、销售、物流、服务等核心业务间的信息系统集成，开始聚焦工厂范围内数据的共享，企业已完成了智能化提升的准备工作。

（4）4级：优化级。

在这个级别下，企业内生产系统、管理系统及其他支撑系统已完成全面集成，实现了工厂级的数字建模，并开始对人员、装备、产品、环境所采集到的数据及生产过程中所形成的数据进行分析，通过知识库、专家库等优化生产工艺和业务流程，能够实现信息世界与物理世界互动。从3级到4级体现了量变到质变的过程，企业智能制造的能力快速提升。

（5）5级：引领级。

引领级是智能制造能力建设的最高程度，在这个级别下，数据的分析使用已贯穿企业的方方面面，各类生产资源都得以最优化的利用，设备之间实现自治的反馈和优化，企业已成为上下游产业链中的重要角色，个性化定制、网络协同、远程运维已成为企业开展业务的主要模式，企业成为本行业智能制造的标杆。

企业在实施智能制造时，应按照逐级递进的原则，从低级向高级循序渐进，要注重投资回报率。企业应该根据自身的业务发展现状、市场定位、客户需求和资金投入情况，来选择合适的等级确定智能制造的发展方向。需要注意的是并非只有最高级才是每个企业的最佳选择。

三、智能制造成熟度评价流程及方法

1. 评价流程

智能制造能力成熟度评价流程包括预评价、正式评价、发布现场评价结果和改进提升，具体流程如图 3-7 所示。

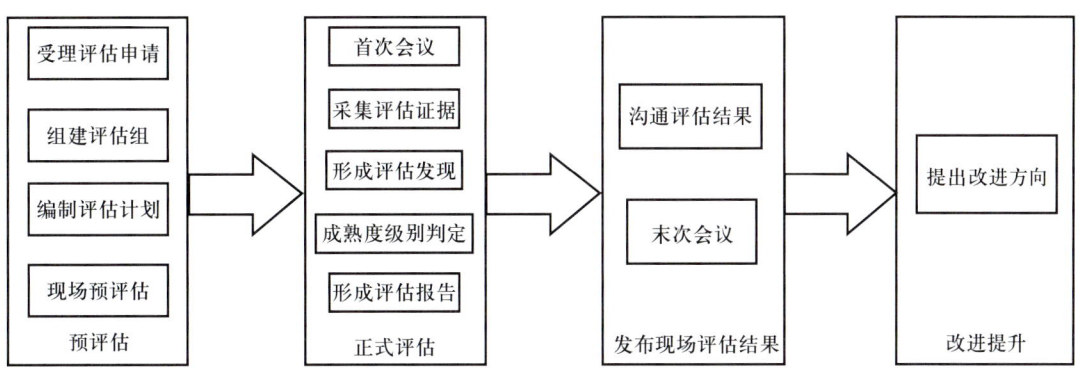

图 3-7　智能制造能力成熟度评价流程

2. 评价方法

智能制造成熟度评价是依据智能制造成熟度模型要求，与企业实际情况进行对比，通过评分加权计算，根据计算结果定位企业当前的智能制造成熟度等级，有利于企业发现差距，寻求改进方案，提升智能制造水平。智能制造成熟度评价方法如图 3-8 所示。

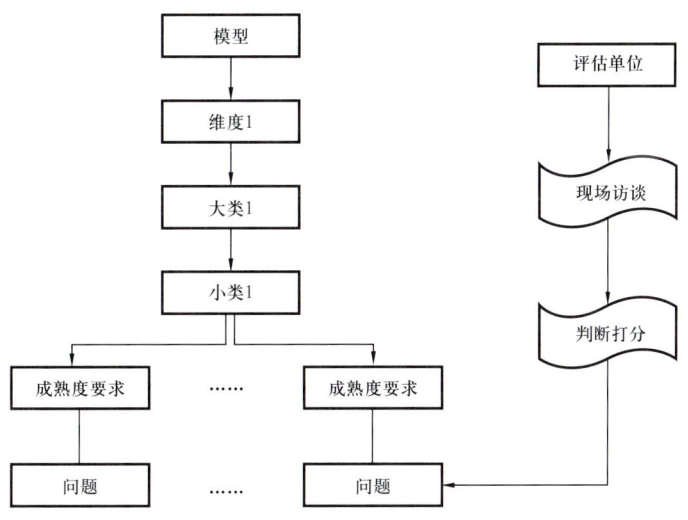

图 3-8　智能制造成熟度评价方法

通过以下四个步骤完成智能制造成熟度的评价（图3-9）。

（1）结合调研、摸清现状。结合评价模型中每级指标或采用问卷调查方式，摸清企业智能制造各核心要素的建设现状。调研问卷设计采用选择性问题及开放性问题组合，对于关键问题宜采用现场调研取证方式，保证评价结果客观、公正。

（2）关键特征评判，指标量化打分。依据调研结果评判企业当前建设现状是否满足每项指标对应的关键特征要求，并依据满足程度进行量化打分。

（3）加权计算，汇总得分。根据评价模型中每级指标权重，加权汇总，可计算出总体得分。计算公式为：∑评价指标得分 × 指标权重。

（4）定位成熟度等级。根据加权计算结果，可以定位企业当前智能制造建设的整体成熟度、制造维度、智能维度以及单项能力级别，由此找出企业智能制造建设的差距和改进方向。

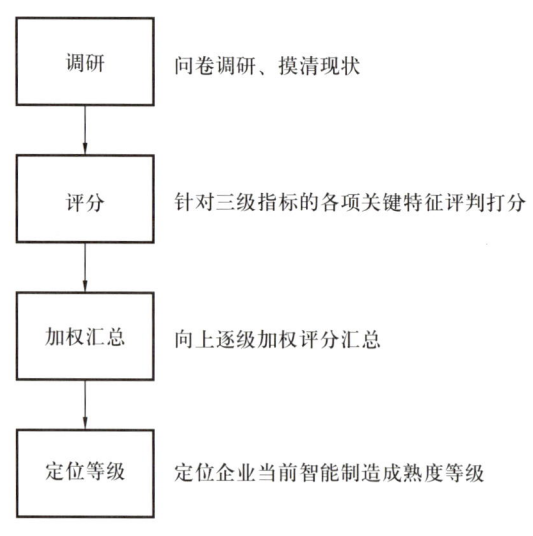

图3-9 智能工厂成熟度水平评价流程

第三节 两化融合发展成熟度评价方法

一、两化融合发展水平关键指标

依据GB/T 23020—2013《工业企业信息化和工业化融合评价规范》和企业两化融合评价指标体系，两化融合评价方法按照六个视角和三条主线形成一级指标和二级指标提出了评价制造业企业两化融合水平的理论框架和指标体系，见表 3-1。

表 3-1 工业企业两化融合评价体系的评价视角及一级、二级指标

视角	一级指标	二级指标		
资源	基础建设	资金投入、组织和规划、设备设施、信息资源、信息安全		
应用		产品	价值链	企业管理
	单项应用	产品设计、工艺设计、生产制造、生产管理	采购管理、生产制造、生产管理、销售管理	财务管理、人力资源管理、设备管理、质量和计量、能源与环保、安全管理、项目管理、办公管理
	综合集成	产品设计与制造集成	产供销集成	管理与控制集成、财务与业务集成、决策支持
	协同与创新	产品协同创新和绿色发展	产业链协同	企业集团管控
绩效	竞争力	产品质量和客户满意、业务效率、财务优化、创新能力		
	经济和社会效益	经济效益、社会效益		

工业企业两化融合评价指标体系构建时，在一级指标和二级指标的框架下，三级指标及采集指标按照 GB/T 23020—2013《工业企业信息化和工业化融合评价规范》附录 B 中提出的评价内容设定，并依据各类型企业的两化融合特色和需求进行细化或删减，形成多级的指标体系架构。两化融合评价指标体系需要根据不同类型的生产工艺过程、生产组织和管理方式、市场竞争模式等进行差异化处理，但过度差异化也会难以获得统一的综合评价结果。因此，工业企业两化融合评价指标体系采用总分结合的方式，一级、二级评价指标体系与基本框架的层次结构相对应，三级指标及采集指标按照不同生产类型进行差异化设计。不同类型企业的两化融合评价指标体系构建时，按照先自上而下，后自下而上的顺序进行不断优化。首先借助专家知识和经验，按照一级、二级指标框架尽可能完整地提出三级及采集指标；其次，对评价指标体系的三级及采集指标进行必要的优化，对具有相同上级指标的同级指标进行校验，若重复则保留最具表征性的指标，删除难于采集数据的指标、分析价值小的指标，使得各下级指标能够最大限度地代表和解释上级指标的内涵。

二、两化融合发展水平评价方法

企业两化融合发展分为起步建设阶段、单项覆盖阶段、集成提升阶段和创新突破阶段四个阶段。企业两化融合向更高阶段迈进，则两化融合深度就不断拓展，也是从两化融合到两化深度融合的过程（图3-10）。

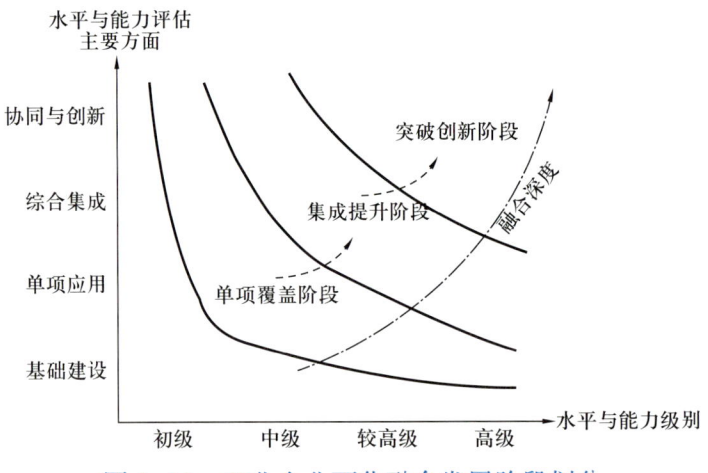

图3-10　工业企业两化融合发展阶段划分

起步建设阶段，企业具备了一定的两化融合基础设施和环境，但其单项应用尚未开展或刚刚起步。处于这一阶段的企业两化融合发展重心在于基础设施建设，从而为信息技术应用打下基础，资源建设还将伴随着企业信息化后续深入发展不断得到加强和完善。单项覆盖阶段。信息技术在各单项业务环节的覆盖和渗透逐渐加强，但其综合集成尚未开展。处于这一阶段的企业，信息技术逐步渗透到研发设计、生产制造、经营管理和市场流通等企业各环节，并在关键生产和管理环节实现纵向渗透，信息技术的应用层次不断提高，对业务的支撑程度不断加深。

集成提升阶段。企业单项应用基本覆盖并成熟，综合集成有效实现，但其协同与创新尚未有效开展。处于这一阶段的企业，信息技术开始与企业关键业务环节深度结合，且业务系统之间逐步实现数据集成和业务协同，系统集成基础上业务应用的开展推动了业务流程的逐渐优化和创新。

创新突破阶段。企业基础建设较为完备并有所创新，单项应用和综合集成趋于成熟，且协同与创新得到有效实现。处于这一阶段企业，信息（数据）实现了工业生产要素的相互融合，而且其本身也成了企业关键的生产要素。融合创新开始突破企业边界，引发了面向市场和客户的业务流程变革和重组，促进了技术、管理和市场等方面的模式创新。

上述评价方法按照基础建设、单项应用、综合集成、协同与创新四项一级指标的得分进行划分，依据阶段内涵划分标准见表3-2。在进行阶段划分时，按照划分标准自高级阶段向低级阶段依次划分。

表3-2 工业企业两化融合阶段划分标准

发展阶段	基础建设	单项应用	综合集成	协同与创新
起步建设	—	—	—	—
单项覆盖	≥30	≥20	—	—
集成提升	≥55	≥50	≥50	—
创新突破	≥65	≥80	≥70	≥60

第四节 智慧城市成熟度评价方法

一、智慧城市技术体系

GB/T 34678—2017《智慧城市 技术参考模型》中对于智慧城市的技术参考架构给出了明确的描述。该技术参考架构从城市信息化整体建设考虑，提出了所需要具备的五个要素和三个支撑体系。横向支撑要素的上层对其下层有依赖关系，纵向支撑体系对于五个横向支撑要素有约束关系，具体如图3-11所示。

其中，社会公众、企业、政府三类用户可以基于实际情况和自身需求，通过多渠道接入相关智慧应用，使用相关服务或产品。

智慧应用层主要是在数据及服务融合层、计算与存储层、网络通信层、物联感知层的基础之上建立的各种基于行业或领域的智慧应用及应用整合，如智慧政务、智慧交通、智慧教育、智慧医疗、智慧家居、智慧社区和智慧旅游等，为社会公众、企业用户、城市管理决策用户等提供整体的信息化应用和服务。

数据及服务融合层通过数据和服务的融合支撑，承载智慧应用层中的相关应用，提供应用所需的各种服务，为构建上层各类智慧应用提供支撑，本层处于智慧城市总体参考架构的中上层，具有重要的承上启下的作用。

计算与存储赠包括软件资源、计算资源和存储资源，为智慧城市提供数据存储和计算以及相关的软件环境的资源，保障上层对于数据的相关需求。

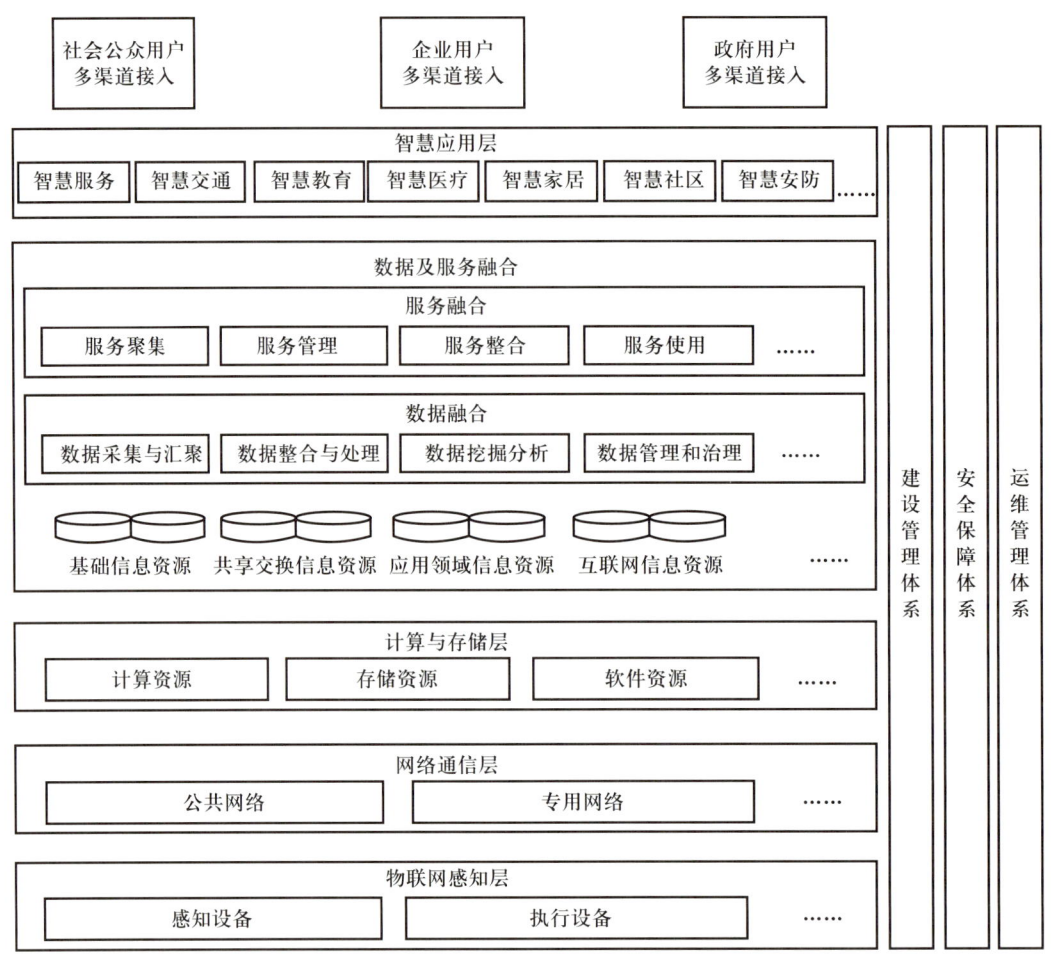

图 3-11 智慧城市技术体系架构

网络通信层包括互联网、电信网、广播电视网以及三网之间的融合的公共网络，以及一些专用的网络如集群专网等，为智慧城市提供大容量、高带宽、高可靠的光网络和全城覆盖的无线宽带网络所组成的网络通信基础设施。

物联感知层提供对环境空间的智能感知能力，通过感知设备及传感器网络实现对城市范围内的基础设施、环境、建筑、安全等方面的识别、信息采集、监测和控制。

建设管理体系为智慧城市建设提供整体的建设管理要求，加强智慧城市建设管理机制，指导智慧城市相关建设，确保智慧城市建设的科学性和合理性。

安全保障体系为智慧城市建设构建统一的安全平台，实现统一入口、统一认证、统一授权、运行跟踪、应急响应等安全机制，涉及更横向层次。

运维管理体系为智慧城市建设提供整体运维管理机制，涉及各横向层次，确保智慧城市整体的建设管理和长效运行。

二、智慧城市成熟度评价现状综述

智慧城市评价是理论指导、检验实践的重要方式，是一个极具应用价值的研究议题。

国际上认可度较高的主要有智慧社区论坛（ICF）、IBM 公司、全球十大智慧城市排名以及欧盟的智慧城市评价指标体系。2006 年，ICF 提出从宽带连接、知识型劳动力、创新、数字融合、社区营销与宣传等五个维度评价智慧社区发展水平，该体系对智慧城市评价进行了较早的探索，为后续评价指标的完善和升级提供了基础。Rudolf Giffinger 教授及其团队 2007 年从智慧产业、智慧民众、智慧治理、智慧移动、智慧环境、智慧生活六个评价维度出发，发布欧洲中等规模城市的智慧城市排名报告，虽然该评价指标是针对欧洲中等城市设计的，但其评价维度全面细致，具有一定借鉴作用。IBM 公司以城市服务、市民、商业、交通、通信、供水、能源等七大城市构成要素为基础，提出智慧城市发展水平应从网络互联、智慧产业、智慧服务、智慧人文四个维度进行评价，该评价指标体系更侧重技术评价和投入。2012 年，Boyd Cohen 博士基于智慧城市轮（Smart Cities Wheel），从智慧经济、智慧环境、智慧政府、智慧生活、智慧移动、智慧人民六个维度对全球智慧城市进行评价，提出全球十大智慧城市排名。以上评价指标体系做出了有益的探索和尝试，具有一定的参考价值，但一方面其提出背景、应用环境与我国城市发展状况存在差异，考察指标及评价方式都须进行修正；另一方面这些指标体系都重在对智慧城市建设进行事中、事后评价及排名，没有对事前准备情况进行关注。

在国内，住建部、国家发改委等从宏观层面对智慧城市建设评价进行了规范和指导，具有一定的导向性。2012 年，住建部发布了《国家智慧城市（区、镇）试点指标体系》，主要从保障体系与基础设施、智慧建设与宜居、智慧管理与服务、智慧产业与经济四个维度对智慧城市建设水平进行评价。2016 年，国家发改委联合中央网信办、国家标准委颁布《新型智慧城市评价指标》，评价维度为惠民服务、精准治理、生态宜居、智能设施、信息资源、网络安全、改革创新、市民体验等八个方面。因各地建设情况存在差异，国家层面的指标体系相对而言较为宽泛，难以反映地方特色，南京市信息中心、上海浦东智慧城市发展研究院等机构结合当地实际，提出了更具针对性的评价指标。南京市信息中心在 IBM 公司评价指标的基础上，融合信息化测算方法，从智慧网络互连、智慧产业、智慧服务、智慧人文四个维度对智慧城市建设进行评价。上海浦东智慧城市评价指标体系 2.0 从城市基础设施、城市公共管理和服务、城市信息服务经济发展、城市人文科学素养、市民主观感知、城市软环境建设等六个维度进行指标体系构建，覆盖范围广，突出主观评价，但有些指标难以量化。各地智慧城市评价指标较好地结合了国家要求和地方实际，是智慧城市"一城一策"的体现，具有一定的方法论上的参考价值。

国内外智慧城市评价指标体系及其特点见表 3-3。

表 3-3　国内外已有智慧城市评价指标体系及其特点

名称（颁布机构）	指标数量			指标特点
	一级	二级	三级	
智慧社区论坛（ICF）	5	18	—	定性为主，侧重政府和企业评价，市民体验指标较少
欧盟智慧城市评价	6	31	74	面向欧洲中等城市，指标全面，关注市民体验，可操作性强
IBM 公司测评体系	4	—	21	涵盖面广，重视技术基础，注重与最佳水平比较
全球十大智慧城市排名（BoydCohen）	6	18	27	操作性强，关注智慧程度和效果，重在评价结果的比较和排名
中国智慧城市（镇）发展指数	3	23	86	指标细致，设有四级指标
国家智慧城市（区、镇）试点指标	4	11	57	覆盖面广，但含义模糊，操作性较差
国家新型智慧城市评价指标（2016）	8	21	54	注重社会参与和公众满意度，能够反映地方特色
2017—2018 中国新型智慧城市建设与发展综合影响力评价指标	4	24	58	覆盖面广，注重以人为本
南京智慧城市评价指标	4	21	—	侧重基础设施和产业评价，对城市管理和运行关注较少
上海浦东智慧城市评价指标体系 2.0	6	18	37	注重基础设施建设，总量指标较多，突出主观评价，操作性较差
工业和信息化部	3	9	46	指标具体详细，包含智慧准备维度（三个指标）

续表

名称（颁布机构）	指标数量			指标特点
	一级	二级	三级	
中国软件评测中心	3	8	53	指标具体详细，包含智慧准备维度（四个指标）
贝尔信公司	5	19	64	重视对基础设施的投入
北京国脉互联信息顾问有限公司（2016年）	6	17	—	在前五年评价基础上，结合当年的政策导向和发展趋势，优化改良

自 2010 年以来，国内学者们也相继提出智慧城市建设评价指标体系。学者们一般以"投入—产出"理论、灰色关联理论、系统动力学理论等为基础，利用定性分析、定量分析、案例分析等方法，提出相应的评价指标。在研究内容上，主要对评价维度、评价方法、评价指标的对比等进行研讨，从学术研究的角度提出了智慧城市建设评价指标体系。在评价维度方面还没有形成统一的观点，一部分专家针对具体城市，从智慧网络互联、智慧产业、智慧服务和智慧人文四个方面构建评价指标体系；另一部分专家基于一般层面分析，从智慧人群、智慧基础设施、智慧治理、智慧民生、智慧经济、智慧环境与智慧规划建设七个维度构建评价指标体系。在评价方法方面，层次分析法、主成分分析法、熵权法等都已被用于构建评价指标体系。

三、智慧城市成熟度评价模型架构

中国电子技术标准化研究院作为主要起草单位，牵头组织制定发布了 GB/T 33356—2016《新型智慧城市评价指标》。该国家标准基于我国智慧城市建设特点，结合相关国际国内成熟度模型的研究基础，初步提出了一种适合应用于国内的智慧城市成熟度模型架构，如图 3-12 所示。智慧城市成熟度模型架构由三个维度组成，分别为智慧城市成熟度等级维度、智慧城市建设过程维度以及智慧城市建设能力维度。智慧城市成熟度等级是综合评价智慧城市建设能力和智慧城市建设过程后确定的。

1. 智慧城市建设能力维度

智慧城市建设能力是智慧城市建设的能力支撑，包括技术能力、资源能力、运营能力、安全能力等。技术能力决定了智慧城市建设的效果。城市借助技术手段可实现常态化感知监控，具有可靠的数据传输能力，城市计算资源和存储资源高效可靠，能支撑数据和服务融合，满足智慧城市建设需要。参考 GB/T 34678—2017《智慧城市　技术参考模型》，智慧城市建设的技术能力主要包括物联感知、网络通信、计算与存储、数据融合和服务融合等能力。

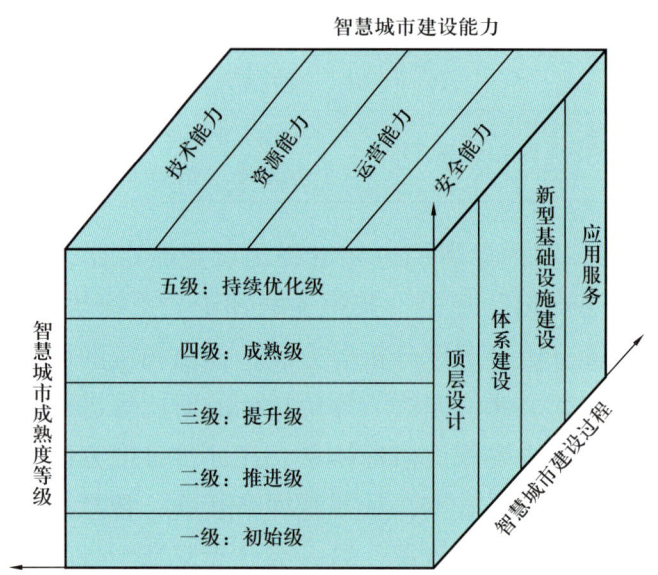

图 3-12　智慧城市成熟度模型架构

资源能力体现的是智慧城市建设所需资源调用的能力，主要包括智力资源、产业资源、数据资源等内容。智慧城市的建设需要专业的人才队伍，各类无形或有形的资源需要得到合理、充分的利用。

运营能力是智慧城市资源整合能力、技术应用能力、成本控制能力的综合体现。智慧城市从规划到实施，包含许多项目的建设和运营，良好的运营能力可以不断优化城市的资源配置，提供更好的公共服务。城市建设者能够充分利用好现有资源和基础设施，将拥有的技术有效地应用到实际工程项目中去，实现智慧城市低碳、效益的建设以及维护，为城市居民创造更为舒适、智能的生活环境。

安全能力主要包括信息安全能力、公共安全能力等内容。智慧城市应注重提升城市安全能力，通过建立一套有效的安全机制，遵照国家相关法律、法规，维护城市信息安全和公共安全。

2. 智慧城市建设过程维度

智慧城市建设与传统的城市建设相比，需要一套全新的、科学的体系指导，使城市建设从局部规划和设计向全局规划和顶层设计转变，全面、多维、立体的分析智慧城市顶层设计视觉下的城市要素和内在逻辑关系，确保城市建设能支撑业务发展，实现信息整合共享。智慧城市顶层设计包括需求分析、总体设计、架构设计和实施路径设计等。

智慧城市体系建设，是在把握顶层设计总体需求的基础上，紧密围绕城市发展需求，进行组织建设、制度建设、标准建设等体系建设。智慧城市建设是一个复杂的体系工程，若缺乏科学有效的体系建设，则易造成建设标准不统一、建设要求不一致等问题，建设成果难以共享，建设经验难以复制。通过加强智慧城市的体系建设，能从整体上推动智慧城市建设进程，使智慧城市建设系统化、清晰化、可控化。

新型基础设施是以新发展理念为引领，以技术创新为驱动，以信息网络为基础，面向高质量发展需要，提供数字转型、智能升级、融合创新等服务的基础设施体系，主要包括信息基础设施、融合基础设施、创新基础设施等。

智慧城市建设应坚持以人为本、惠及民生。应用服务作为智慧城市建设的核心之一，包含城市治理、应急管理、民生服务、生态宜居等内容。智慧城市可通过建设一站式服务平台作为智慧城市应用服务的总接入口，实现数据整合、共享和交换，为城市用户工作生活提供便利，提升生活质量。

3. 智慧城市建设过程维度

智慧城市成熟度等级是在智慧城市建设能力维度和过程维度评价的基础之上确定的。智慧城市成熟度等级分为五级，从下往上依次为一级初始级、二级推进级、三级提升级、四级成熟级、五级持续优化级。智慧城市建设能力的改进和成熟度提升是通过渐进的方式来实现的，较高的成熟度等级涵盖了低于其成熟度等级的全部要求。不同级别的智慧城市特征可通过一系列属性特征进行描述。以一级初始级为例，其属性特征可描述为：城市发展程度较低，未建立智慧城市发展整体战略，资源薄弱，缺乏智慧城市总体规划，仅以部门为中心、以职能需求为主导开展智慧城市建设。

四、智慧城市成熟度评价指标体系

智慧城市成熟度模型建立的目标是评价智慧城市建设情况，为智慧城市有序逐渐升级提供指导性建议，智慧城市成熟度等级越高，则城市竞争力就越强。智慧城市成熟度评价指标的选取，本质上是围绕智慧城市建设能力维度和智慧城市建设过程维度选取与智慧城市发展密切相关、典型的评价指标，即智慧城市成熟度等级评价指标主要从建设能力（技术能力、资源能力、运营能力以及安全能力）和建设过程（顶层设计、体系建设、新型基础设施建设以及应用服务）两个维度的能力/过程分项中选取，通过剖析，找出影响各能力项/过程项特征的核心要素，进而确定评价指标。智慧城市成熟度等级评价指标处于指标体系的最基本位置，选取的指标尽量能够客观量化。围绕智慧城市成熟度评价维度的能力项/过程项，初步提出了部分评价指标，具体见表3-4。

表3-4 智慧城市成熟度等级评价指标

评价维度	能力项/过程项	指标
智慧城市建设能力	技术能力	万人发明专利拥有量、高新技术企业数量、获国家级科技成果奖项数等
	资源能力	万人拥有科技人员数、科技成果转化率、各领域数据接入率、公共数据资源获取难易度等
	运营能力	运营方案科学性、运营投入稳定性、资金使用合理性、投融资方案落实性等
	安全能力	数据完整性防护措施、网络安全防护措施、系统连续可靠运行情况、安全管理制度和应急处置应对机制建设情况等
智慧城市建设过程	顶层设计	需求分析调研覆盖率、总体设计与需求符合度、架构设计覆盖情况、实施路径设计细化情况等
	体系建设	组织机构建设情况、考评制度建设情况、智慧城市建设配套政策制定、智慧城市建设项目管理办法制定和实施细则出台、智慧城市标准发布数量等
	新型基础设施建设	5G基站数量、FTTH覆盖率、新能源汽车充电桩数量等
	应用服务	环境质量自动化检测站覆盖率、公交站牌的电子化率、地理信息资源共享率、公共区域免费Wi-Fi覆盖率等

第五节 智能电网成熟度评价指标体系

智能电网是一种集成了先进的信息技术、通信技术、传感器技术和自动控制技术等的现代化电力网络系统，具有自愈能力、兼容性强、互动性好、高效运行等特点。

智能电网智能化关键技术主要包括智能调度技术和广域防护系统、配电自动化、自愈控制技术、分布式发电、储能与智能微网技术、用户服务和需求侧响应技术、智能配电网设备技术和高级资产管理等内容。

近年来，以国家电网公司为代表的许多单位积极开展智能电网的研发、建设和实践工作，我国智能电网与世界处于同一发展水平。国内电力行业在电网的发展、建设评价方面已经开展了许多实际工作，提出了"两型"电网指标体系、电网发展指标体系等评价体系，并针对智能电网的试点工程项目开展了智能化评价。

（1）"两型"电网指标体系。

"两型"电网即"资源节约型、环境友好型"电网。"两型"电网指标体系，是在电网固有的安全性、可靠性和经济性指标体系基础上，进一步科学反映电网发展中资源节约效果与环境友好程度。"两型"电网评价指标体系包括措施性指标和效果性指标，见表3-5。通过对该指标体系的应用分析，将有助于从"两型"电网的角度认识电网当前的情况，来指导"两型"电网的规划发展，落实"两型"电网的建设目标。

表3-5 "两型"电网评价指标体系

措施性指标	规划阶段	电源集约化、电网规模化、输变电先进技术应用
	建设阶段	标准化建设、优化设计、环境保护
	运行阶段	调度运行、技术改选、需求侧管理
效果性指标	资源节约	节约建设规划、节约能源、节约土地资源、节约设备材料
	环境友好	减排、环境治理

（2）电网发展评价指标体系。

电网发展评价指标体系主要针对电网快速发展环境下，开展有关衡量经济发展、电网发展速度、建设规模、发展质量和效益的分析和研究。从安全、经济、优良、协调、智能五个方面建立了电网发展评价指标体系，并给出了各指标定量计算方法。指标体系主要内容见表3-6。

表3-6 电网发展评价指标体系

安全性	结构安全、运行安全、稳定性、充裕性、抗灾能力
经济性	电网规模效益、联网效益、新增建设效益、电网建设经济性
优良性	电网运行质量、电网建设质量、电网节能能力
协调性	资源协调性、社会协调性、经济协调性、环境协调性
智能性	智能电网规模基础、智能电网技术支撑能力、智能应用效果

该指标体系对电网发展提出了量化评价方法和评价模型。该评价体系研究过程中，智能电网的概念尚未明确提出，仅对电网智能化评价进行了初步探讨。

（3）智能电网试点项目评价指标体系。

智能电网试点项目评价指标体系主要针对国家电网公司开展的智能变电站、配电自动化等各项智能电网试点项目，分别进行项目成效分析和评价，指标体系见表 3-7。

表 3-7 智能电网试点项目评价指标体系

评价对象	一级指标	二级指标
智能变电站试点工程	技术性	互动性、先进性、优质性指标等
	经济性	成本指标
	社会性	社会影响
配电自动化试点工程	技术性	安全性、自愈性、优质性、互动性指标
	经济性	降低成本、增加效益、费效比指标
	社会性	环境影响指标
	实用化	推广应用指标
用电信息采集系统试点工程	技术性	安全性、互动性、先进性指标等
	经济性	降低成本、增加效益、费效比指标
	社会性	环境影响指标
	实用化	推广应用指标

该评价体系针对三类智能电网试点项目，从技术水平、经济效益、社会效益以及实用化等方面，进行量化分析评价，以便调整完善、统一规范及全面推广智能电网重点项目的建设。

第四章
智慧管网成熟度评价方法研究

第一节　智慧管网智能化技术

一、国内外现状

信息技术的高速发展掀起了世界范围内的智能化热潮。2017年7月，国务院印发了《新一代人工智能发展规划》，目的是抓住人工智能发展的重大战略机遇，建立中国人工智能发展的先发优势。物联网、大数据、云平台等智能化技术已经在医疗、电力、交通等各行各业得到广泛应用，管道行业也在积极探索管道的智能化建设。

智慧管网是基于大数据、物联网、云计算、人工智能等关键技术，将管网与信息技术深度融合的产物，具有全面感知、自动预判、自适应、自反馈、自学习等功能特征，可实现管网的安全、高效运行。其特征是在规划管理、建设管理、运行管理方面实现标准化、数字化、可视化、自动化、智能化。

智慧管网的核心技术覆盖了数据从被感知到被传输至云端处理的过程，包括物联智能感知与传输技术、数据中心云技术、三维引擎技术（三维地图技术）、大数据分析技术等的融合应用。物联智能感知与传输技术利用智慧管网体系架构感知层中的传感器、二维码、RFID等进行智能感知、数据采集，对采集到的初始信息在传感器前端进行分析、处理及应用；数据中心云技术综合了较全面的地下管网数据，以此推动管网信息化建设进程，建立了功能完善、数据权威、运维简便的地下管网管控系统及数据中心；三维引擎技术模拟了完整的地下管道结构，再现了管道的全生命周期数据，用户可以对地下管网的三维立体位置信息进行查询；大数据分析技术将各类管网信息数据进行汇聚整合，建立地下管道数据池，并与中国管网管理相关的法规标准相结合，进行大数据分析，评价管道运行状态，以此为依据做出智能决策。

1. 智慧管网智能化水平国际现状

国外油气管道公司尚未对管道智能化建设进行系统研发，但对于智慧管道某些关键技术的发展，国外一些油气管道公司已经达到了较高水平。

美国 Williams Gas 公司的天然气业务主要由位于休斯敦的控制中心监控管理。该控制中心使用的天然气管理一体化系统（Integrated Gas Management System，IGMS）可以实现压缩机性能自动优化、压缩机站优化、预测（前瞻性）模拟、实时模拟、历史数据存储、气体负荷预测等功能。IGMS 将管道本体数据与地理数据整合到 GIS 系统上，可对长达 64373.76km 的管道进行管理，并可与其他信息管理系统进行信息交互，利用管道全面的动态数据与静态数据进行运营管理。

2016 年，美国哥伦比亚管道公司应用了 GE 公司与埃森哲公司联合发布的首个智能管道解决方案。该方案融合了 GE 公司基于 Predix 平台的管道管理软件和埃森哲公司的数字化技术、变革管理与业务优化经验，整合多项数据源，实现了近似实时的管道风险检测与管控。其目的是实现资产的完整性管理，提高运营效率，使得决策更加科学。基于此方案的应用，美国哥伦比亚管道公司的工作水平在安全与经济方面得到了大幅提升。

意大利 SNAM 公司与挪威船级社、欧洲能源研究院等机构合作，对管道智能化技术开展了大量研究，同时对管道的智能化监测网络进行了完善，包括站场泄漏检测技术、管道应变监测系统、管道腐蚀监测系统、第三方破坏监测、无人机巡检系统等。并应用数字孪生技术对油气管道设施进行数字化映射，构建管道全生命周期的数据集合，建立了专家平台。该技术将管道数据以更直观的方式呈现，使管道风险更易被发现，可帮助用户更好地监控管道运行，提高了管道的运行安全水平与管理效率。

挪威国家石油 Statoil 公司研究形成了一套管道完整性管理系统，该系统集成了来自多个系统（STAR、SAP、Maximo 等管理系统）的数据，用户可以在完整性管理系统的同一界面查看管道的完整信息，降低了管理难度，实现管理效率的提升。

阿拉伯石油公司采用油气管道集中式运行管理方式，由调控中心控制所有油气管道运行，应用基于 ESRI 软件的 GIS 解决方案，并使用原油计划系统（Oil Supply Planning and Scheduling，OSPAS）管理原油输运。GIS 技术可以对管道数据进行管理与分析，实现管道规划设计、泄漏管理、事故应急处理、环境监测、管道完整性管理、高后果区管理等功能，并且可与 SCADA 系统结合，对实时数据进行模拟与分析，以此提高阿拉伯公司对管道的管理能力。

在 TANAP 天然气管道项目中，工程师和 GIS 专家共同开发了一种基于地理信息系统的管廊选择方法。该方法可以快速对约束条件进行重新分类或对成本因素进行调整，从而在大区域内短时高效地完成管廊的位置确定。Sadovnychiy 介绍了 GIS 在管道热成像航测中的应用，其设计的基于 GIS 的热成像远程检测系统将地理信息系统与远程探测技术、红外热成像技术、图像识别处理技术相结合，实现了管道泄漏、第三方破坏及地质灾害的监测。该系统可以采集待测管道的热测面积、管道介质泄漏、地下管道的土壤腐蚀估算及地下层的热泄漏信息等数据，大大减轻了操作人员的工作压力，提高了检测准确性，并可实现故障的精准定位。

北美地区的 TransCanada 公司为了满足能源管理的业务需求，提升运营效率，依托 GeoFind 系统建设，有效整合了不同阶段、不同功能的业务系统和数据库，建立了统一的管道资产空间数据平台，不仅实现了设备资产的空间展示及动态分析，还实现了跨业务的信息共享，发挥了数据融合的价值，提升了企业的整体运营效率。

美国、加拿大等国家的主要油气管道运营商将管道的数字孪生体作为实现管道智能化的基础手段，通过建设管道数字孪生体实现管道动、静态数据的统一管理以及管道系统的模拟和优化。为实现管道的可视化管理，Enbridge 公司联合微软和 Finger Food 公司开发了管道数字孪生技术，将管道数据以 3D 形式呈现，用户通过 3D 视图实时检测管道及管道周边区域发生的任何变化，更好地发现管道存在的潜在危险，包括管道缺陷及由地面移动引起的管道应变，并可对管道的虚拟图像进行旋转，放大和扩展，对管道附近的一些重点区域则以热图（hot map）形式呈现，热图信息包括区域内地质情况及其随时间变化状况。该技术还可对管道周边的每一个边坡斜度进行全息展示，通过该技术，用户可清晰观测管道随地面运动而发生的移动情况。挪威船级社（DNV）使用数字孪生技术优化管道运行，可以将长输油气管网、压缩机组、泵机组等油气管道设备设施进行智能化模拟，构建一个集合管道全生命周期的数据和专家平台，通过该智能化平台可以使管道运营机构具备强大的数据分析和故障诊断能力。

2. 智慧管网智能化水平国内现状

近年来，数字化设计已经广泛应用于中国的管道建设。但总体来说，中国的智慧管道建设仍处于初期发展阶段。截至2020年底，中国油气管道总里程已达到14.5×10^4km，其中天然气管道约8.54×10^4km，原油管道约3.05×10^4km，成品油管道约2.91×10^4km；建成LNG接收站22座，LNG接收能力9310×10^4t/a；建成储气库（群）14座，库容规模达531.95×10^8m³，有效工作气量约148.92×10^8m³，对中国油气资源稳定供应和能源安全发挥了重要的支撑保障作用。在油气储运基础设施大发展的过程中，科技创新发挥越来越重要的作用。

"十三五"以来，油气储运行业持续完善了以工程设计施工、材料与装备、油气输送工艺、管道运行维护以及决策管理五大领域为核心的技术体系，智慧管网建设取得初步进展，为油气储运基础设施业务发展提供了强大支撑和保障。其中大口径高钢级管道建设、油气管道流动保障、管道完整性管理、管道检测和监测等核心技术已达到国际领先水平。"十四五"期间，我国拟新建管道近3×10^4km，且新建管道全部按照智能化管道标准开展建设，"十四五"期间将是智慧管网建设的高峰期。

总体而言，我国管道智能化技术发展具备阶段性特征。

第一阶段是SCADA阶段。SCADA系统是管道智能化技术的鼻祖，也是管道信息化管理的核心组成部分。国外的SCADA系统在20世纪70年代已得到广泛应用，但中国油气管道的信息化起步较晚，直到20世纪80年代才开始引入，90年代后期建设的油气管道才开始较为广泛地应用SCADA系统。SCADA系统在本质上是一种工业物联网系统，具备采集管道和站场的运行数据、远程操控设备启停、故障与连锁报警等功能，核心是管道的运行监控系统。时至今日，中国的SCADA系统已经拓展了很多功能，如增加了模拟仿真、调度优化、泄漏监测等功能，但SCADA系统的运行监控始终是油气管道安全运营的中枢神经，也是管道智能化管理的核心。

第二阶段是数字管道阶段。最早可以追溯到2004年中国石油天然气集团有限公司（简称中国石油）在西气东输冀宁管道联络线建设过程中提出的"数字化管道"的概念。数字管道主要是指通过建设一套数字化的模型，基于GIS系统，在虚拟系统中建立一条与现实管道对应的虚拟管道。虚拟管道可以模拟真实管道的运行状态，从而以较低的成本实现对真实管道存在问题的解决方案开展研究。但事实上，数字管道本质上是一种数学模型，而油气管道实质生产运行过程中存在太多变量，当时的技术水平尚不能支持管道实际生产运行所转化的边界条件在数学模型中的精确对应。简化后的数学模型虽然能够模拟管道的大部分运行状态，但并不能完全地实现"复刻"，因此数字管道时期更多的工作是对管道与设备的数据进行采集、三维建模，并通过 GIS 开展管道业务管理。但这不代表数字管道建设是失败的，只是受限于当时的技术水平，很多功能无法实现。事实上，数字管道的概念在目前被称作"数字孪生"，是智慧管道的重要组成部分之一。

第三阶段是智慧管道阶段。2017 年，中国石油提出管道"全数字化移交、全智能化运营、全生命周期管理"的智能化发展理念，并在中俄东线天然气管道进行试点，正式拉开了智慧管道建设的帷幕。中国石油对智慧管道定义是：在标准统一和数字化管道的基础上，以数据全面统一、感知交互可视、系统融合互联、供应精准匹配、运行智能高效、预测预警可控为特征，通过"端＋云＋大数据"体系架构集成管道全生命周期数据，提供智能分析和决策支持，利用信息化手段实现管道的可视化、网络化、智能化管理，具有全方位感知、综合性预判、一体化管控、自适应优化的能力。

中国的管道智能化技术每个阶段均通过当前成熟的科学技术对前一阶段的建设内容进行了合理继承，并不断地创新发展。如 SCADA 系统将持续作为智慧管道建设中管道运行监控的中枢，而机器学习、人工智能的蓬勃发展也为数字孪生创造了技术条件。当然，在全面步入智慧管道阶段之前，中国的主要管道企业也在管道智能化管理方面做出了成功的尝试。2011 年，中国石油上线运行了管道完整性管理系统。该系统以管道完整性管理为核心，实现了管道数据管理、业务管理、技术支持、效能管理的平台化支持，有效提升了管道精细化管理水平，强化了管道全生命周期的风险管理。2014 年，中国石油化工集团有限公司（简称中国石化）启动了智能化管道管理系统建设。该系统利用 GIS、云计算、电子标签、物联网等技术，通过采集、获取、动态分析管道的各类空间、属性、生产数据，为油气管道的现场操作、风险监控、管理决策提供支持，达到了消除数据"孤岛"、管道管理与信息化相融合、重点区域可视化管理、快速应急联动响应的建设目标。

中俄东线天然气管道北段、中段围绕"全数字化移交、全智能化运营、全生命周期管理"开展了探索性工程实践、示范性应用与信息化建设，形成了天然气管道 24 项智能化技术。新疆煤制气外输管道在设计数字化交付平台、建设期工程管理平台、运营期智能化管理系统集成开发等方面开展了系列工程实践，编制完成了贯穿管道工程建设及运营的全生命周期标准规范文件体系，包括编码规定、数据规定、文件清单等五大类规范。中俄东线天然气管道、新疆煤制气外输管道等智能化试点实施，为我国未来智能管道、智慧管网的建设和运行提供了经验。

2019年12月9日，国家石油天然气管网集团有限公司（简称国家管网集团）成立以后，提出了"打造智慧互联大管网、构建公平开放大平台、培育创新成长新生态"的"两大一新"战略发展目标，将继续开展智慧管道的架构设计、关键技术攻关、工程实践，集团机关各部门、所属企业围绕"智慧互联大管网"战略目标开展了系列智慧管网建设运行实践活动。2020年国家管网集团公司编制了"十四五"智慧管网规划，提出了"1441"规划部署，即一套管道系统智能化方案，包含工程建设、线路、站场、调控等八个方面的智能化方案；四项共性基础工作，包括智慧管网科技攻关、信息化部署、标准体系和通信传输网络部署；四个关键平台，包括物联管网、数字平台、数字孪生体和知识库；一套在役储运设施智能化提升示范工程，包括中缅天然气管道、漠大二线输油管道、天津LNG接收站智能化提升示范工程。国家管网集团"十四五"智慧管网规划为构建智慧管网理论和技术体系研究指明了方向。

3. 智慧管网智能化技术发展趋势

智慧管网是在标准统一和管道数字化的基础上，运用物联网、云计算、大数据、人工智能等关键技术，使资料由分散向集中、由纸质向数字化转变，风险管控模式由被动向主动转变，信息系统由孤立分散向集中集成转变，资源调配由局部优化向整体优化转变，运行管理由人为主导向系统智能转变，以数据全面统一、感知交互可视、系统融合互联、供应精准匹配、运行智能高效、预测预警可控为目标，用信息化手段大幅提升质量、进度、安全管控能力，实现管道的可视化、网络化、智能化管理，最终形成具有全面感知、自动预判、智能优化、自我调整能力、安全高效运行的管网。

智慧管网的具体建设目标包括：

（1）数据全面统一，全生命周期内管道本体及周边环境数据真实准确、标准统一；

（2）感知交互可视，对管道信息进行精确采集、数据共享、全景可视化展示，精准感知管道安全状态；

（3）系统融合互联，基于管道全生命周期数据库，管道各业务系统相融合，消除信息孤岛，实现协同联动；

（4）供应精准匹配，精准识别物资需求信息，推行"集储代储＋精确仓储"新模式，打造智能敏捷、精益高效的供应链；

（5）运行智能高效，运行方案自动实时优化，提升运行效率，降低运行成本；

（6）预测预警可控，实施完整性管理，维护维修及时，风险提前预测，隐患提前预警，应急自动触发，应急方案自动生成，应急资源主动推送，事故案例充分利用，实现管道安全可控。

对于以上六大目标，数据是核心，数据的全面统一是其他目标的前提和基础。

智慧管网的建设是一个渐进、持续、长期的过程，由初级阶段逐步向高级阶段演进，其指导思想为"三全、三重、三不"，即"全数字化移交、全智能化运营、全生命周期管理""重应用、重效果、重安全""不搞新技术罗列，不搞信息孤岛，不搞锦上添花"。前台解决应用，后台强化运维，打造智慧管网，支撑卓越运营。

二、智慧管网体系架构及关键技术分析

目前，在油气管道建设运营中，新一代智能化技术已经得到了普遍应用。重要的管道智能化技术包括物联网、大数据、人工智能、移动通信、云计算、机器人与无人机、可穿戴设备、3D打印、虚拟显示、数字孪生技术、虚拟现实等。由于油气行业各项业务的需求点不同，对应技术的发展程度、热度也不同，因此对技术的投入、管理也不尽相同。由油气行业内的各项管道智能化技术投入情况可见，大数据、物联网、移动通信是目前油气行业普遍关注的智能技术点，而机器人与无人机、人工智能、可穿戴技术则会成为未来3～5年内快速增长的智能化技术。

新技术的蓬勃发展带来的不仅是专业制高点上的突破，还为管道业务的开展带来便利，提升了管道智能化水平，创造了经济效益。

1. 智慧管网体系架构

智慧管道从体系架构上参考物联网、云计算及人工智能的结构，采用"端＋云＋大数据"的实现方式，总体可分为感知层、传输层、数据层、算法层以及应用层。其中，感知层是通过各种感知手段，实现管道本体、设备设施、周边环境、管理人员以及储备物资数据的智能采集和处理，是智能化管道建设的数据基础；传输层对所有数据进行加密传输，实现网络互联互通，打破信息孤岛；数据层通过云平台，对数据进行清洗、转化及存储，实现数据的全面统

一；算法层采用人工智能和大数据分析技术，实现智能识别和分析；应用层的各种业务平台采用智能算法提供的结果，对管道运行状态进行预警预测，辅助决策，制订维修维护策略，实现智能化运行。具体技术体系架构如图 4-1 所示。

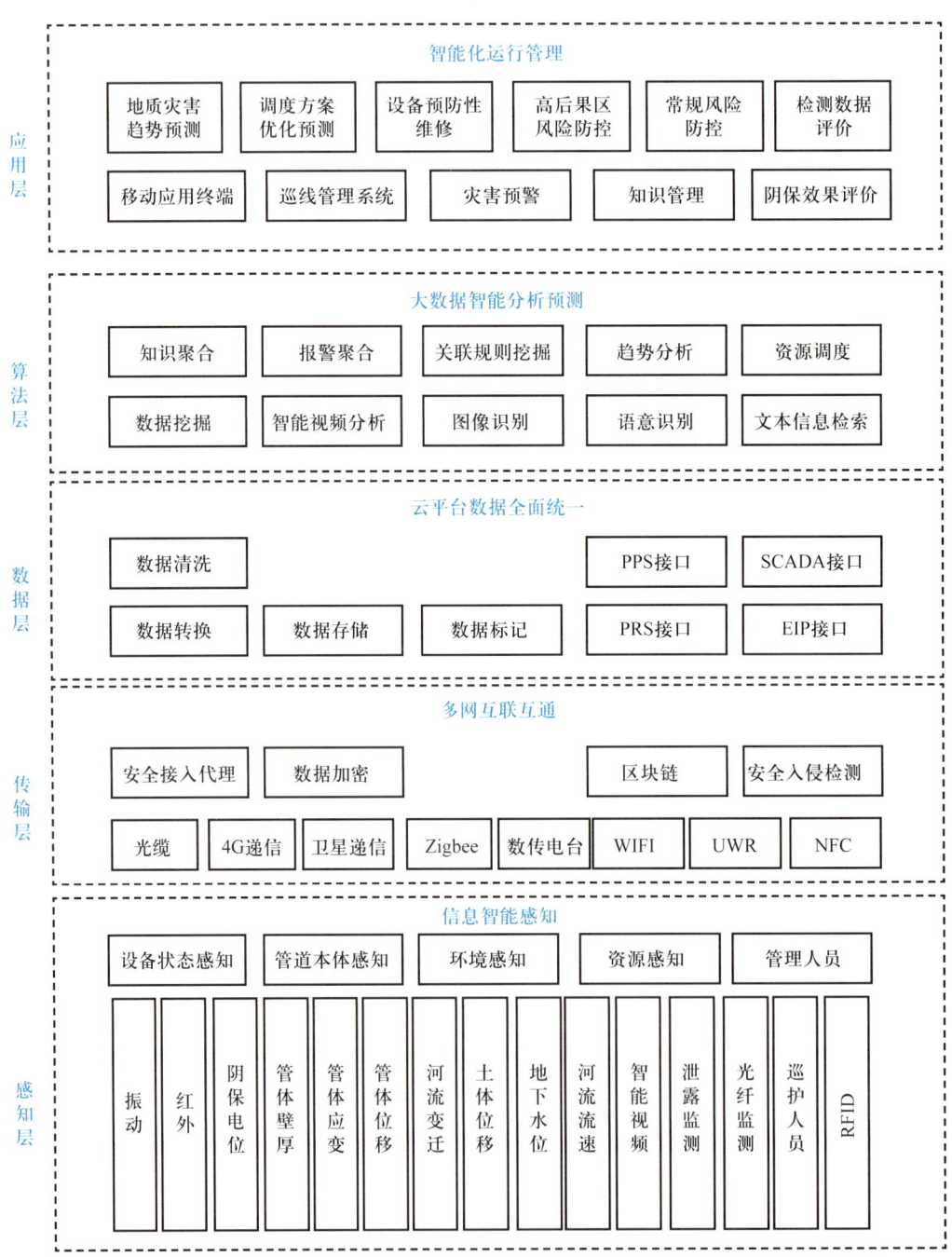

图 4-1　智慧管网体系架构参考

2. 感知层技术特点及关键技术

传统管道行业使用的 SCADA 系统仅关注流程工业的压力、流量、温度等数据，且仅能通过指令对设备进行流程切换。由于这些数据只满足流程工业控制要求，未能对相关数据进行深入分析，因此，其数量和类型不足以支撑智能判断。智慧管道的基础是智能感知，需要满足全面信息感知、信息前端处理及集成化设计三个特点。

（1）全面信息感知技术。

针对管道线路风险类型（如第三方破坏、地质灾害、腐蚀防护等）开展信息感知，建立泄漏监测、光纤预警、管体应变、地质灾害体监测及腐蚀阴极保护电位远传等感知类型的监测措施，这些信息感知手段可以解决技防的部分监控需求。新建站场的压缩机、输油泵等大型旋转机械，虽已安装振动监测装置，但流量计、阀门等仍缺少感知手段，尚未实现设备的自诊断和自校准。因此，现有感知数据类型和数量均无法满足智慧管道大数据决策分析的需求。

管道安全防护需全面感知威胁管道安全运行的各项因素，智慧管道将达到"空、天、地、人、管"全方位感知：利用卫星遥感实现地质灾害自动识别和地貌变迁智能分析，可进行地质灾害长周期分析预测；利用无人机航拍实现空间大尺度线路巡护，解决山区和地貌复杂区域巡护难题；利用深部位移、降水等传感器监测地质等自然环境；利用具有 GPS 位置信息的智能终端，实现管道维护人员实时受控，智能调配巡检人员；利用应变、壁厚、振动等传感器实现管道的线路感知，实时预警管体安全状况。管道全方位感知是智能决策的基础，管道站场设备需要进行多源异构数据的融合监测，实现设备信息的全面感知，才能做到控制信息确认、设备异常监测及故障诊断。

此外，某些监测信息虽然可以利用公共监测数据，但公共数据的网格密度低、数据离散度大，不能表征管道周边的真实情况。以气象数据为例，山区气象数据受地形地貌影响变化频繁，公共数据无法覆盖管道路由区域的环境变化。因此，对于目标管段，应该自建监测点，对其进行环境、诱发因素及管道的综合监测，为智慧管道建设奠定数据基础。

（2）前端智能处理技术。

智能感知与传统传感方法最重要的区别在于是否在传感前端进行信息的实时加工处理。管道行业现有的监测手段仍停留在信息后处理阶段，即将采集到的信息传输到服务器端进行分析处理。SCADA 系统传感器只能满足流程工业的过程控制，缺少实时数据分析处理，无法进行故障预警。站场输油泵、压缩机虽然配备了振动等状态监测传感器，但是，仅可依靠简单的阈值触发故障报警停机，不能进行故障原因分析。此外，SCADA 系统数据未经本地分析，便直接上传调控中心，调度员依靠经验和调度规则对实时产生的海量数据进行分析判断，工作强度极大。

管道运行过程中不断产生数据，其主要是低密度、低价值数据，无需实时采样、存储及传输到数据中心。切实可行的方法是对这些数据进行就地处理，只存储和上传结果信息，避免海量数据拥塞数据中心，并将结果信息作为调度人员辅助判断的依据。例如：无人机拍摄的视频采用机载芯片进行就地处理和比对，只实时上传新增的第三方施工、占压等变化信息。

（3）集成化设计技术。

管道线路尚无通信、供电措施，线路传感器必须具有微功耗的特性。智能感知设备必须实现传感、采集、处理、传输及供电一体化，考虑其处于油气环境的工作条件，传感器必须满足防爆要求。管道覆盖区域广泛，通常地处高寒区域、高温高湿区域、低日照区域等特殊环境，且在野外敷设，维护困难，传感器必须具备长周期免维护的特性。因此，必须对相关设备进行可靠性分析，保障传感系统长期连续可用。

此外，现有传感系统虽然能够满足流程工业的要求，但均无法进行故障自诊断、自恢复。智能传感器除需实现通信与供电一体化设计、具备智能前端处理能力外，还必须拥有自补偿和自校准功能。

3. 传输层技术特点及关键技术

工业领域物联网的成熟应用主要集中于物流领域，通过 RFID 芯片和二维码实现物品信息的自动采集，将物品和人的信息接入网络，实现万物互联。智慧管道传输层若要满足多种感知手段下不同通信方式的数据传输，则必须解决多网互连、安全入侵防护及身份认证问题。

（1）多网互联技术。

管道地域空间分布广，光通信能够实现站场数据长距离、大容量的传输要求，但无法实现线路监测大规模监测点的随处接入。目前，公众通信模式已实现大数据量随时、随地快速接入和传输，如 4G 通信可进行高清视频等大数据量无线网络传输。对于缺少公众通信的偏远地区，以天通一号卫星为代表的移动通信卫星实现了数据和语音通信的全区域覆盖，监测数据自动传输技术已经成熟。基于成本和使用环境的要求，智慧管道的传输层必然是多种通信方式的混合组网，实现互联互通，消灭信息孤岛。

（2）安全入侵防护技术。

通信最重要的环节是网络数据安全和防入侵。常用的安全认证机制是硬件加密，采用U-Key存储密钥，使被窃数据无法解密，从而在根源上保护敏感信息和凭证。在物理层设置安全保护，即便入侵者获得对设备的物理访问权，也能有效防止信息被篡改，此设备需要具备加密、认证、时间戳、缓存、代理、防火墙及连接丢失等功能。由于加解密系统相对复杂，参照智能电网数据安全入侵防护的做法，可采用安全接入代理的方式汇集各种不同传输方式获取的数据，再统一加密认证，并接入专用内部网络。针对采取有线方式与内部网络接入的数据，应建立专用加密通道，制定固定IP，进行终端身份认证和安全准入；针对各类无线通信数据的安全接入，应设置加密机制，实现专用APN专网。所有与内网接入的加解密均使用硬件加密方式实现，即采用国家密码管理局认可的密匙加密算法与硬件安全加密卡实现数据加解密。

（3）身份认证技术。

传统身份认证采用密码、硬件加密狗等方式，近年来又相继加入人脸识别、指纹识别等生物识别技术。上述方法均为基于中心数据库比对的身份认证技术，一旦中心数据库的信息被篡改，非法身份就无法被识别。区块链技术是一种去中心化的加密验证方法，具有不可篡改性，是全新的分布式基础架构与计算方式，其核心原理是：利用区块链式数据结构验证与存储数据，利用分布式节点共识算法生成和更新数据，利用密码学方式保证数据传输及访问安全，利用由自动化脚本代码组成的智能合约进行编程和数据操作。该技术通过去中心化身份认证，避免了中心数据库被攻击和篡改造成的非法入侵。未来可以将区块链技术应用于管道计量数据的电子交接认证、用户身份的授权验证、智能合约的签订等高数据可靠性应用。

4. 数据层技术特点及关键技术

构建智慧管道的关键是获得数据样本，并驱动智能算法的实现。建设数据中心包含对数据进行标准化、清洗转化、存储及样本标记。

（1）数据格式转换技术。

流程工业的压力、温度、流量等变送器已经颁布相关工业标准，数据接口、数据格式也已统一，但设备状态监测、泄漏监测、应力应变监测及周界防护等众多新型管道安全监测技术尚未形成国家标准、行业标准或产业联盟团体标准。因为缺乏统一的电气接口和数据传输协议，无法对厂家以统一标准进行规范及约束，制约了彼此间的互联互通，不便于大规模管网系统的统一组网。

智慧管网建设的前提：① 统一传感器电气接口、数据编码方式及数据汇聚方式，将所有数据按照统一标准接入数据中心；② 对各种感知手段的应用场景进行规范，同时传感器的安装位置、数量及安装方式也必须规范，由此可统一标记不同位置的传感器信息，进入大数据平台进行分析。线路上同一位置安装的各类传感设备，可共用一套供电和通信接口，如线路上阴保电位远传、智能视频等可共享通信和供电，建立管道线路一体化监测装置。

（2）数据存储技术。

管道行业数据具有数量多、类别多、实时产生等特点，要实现海量数据存储必须采用云存储技术，将大量存储空间通过网络进行整合，实现分布式存储和调用。智慧管道获得的数据非常多样化，以设备为例，采集的数据除传统的温度、压力、流量等流程工业数据外，还包括振动、热力、图像、视频、日志文件、出厂文本、地理及环境等信息，这些信息共同构成设备全生命周期的状态信息，需要建立数据结构进行存储和组织。数据本身只是数字，如果脱离了采集时间、地点、采集单元（人）等基础信息，其价值将大幅降低。数据作为一个量值或文本，所反映的信息是静态的。如果将数据关联，进行动态分析，得出有意义的结果，则必须对数据进行结构化存储，并在数据本身和数据生产者、时间、位置、类型之间建立关系，才能进行大数据分析，进而挖掘各种实体间的关联关系。

智慧管道的数据存储结构可参照知识图谱的数据管理模式进行组织。知识图谱在逻辑上分为数据层与模式层：数据层主要由一系列事实组成，知识将以事实为单位进行存储；模式层构建于数据层之上，是知识图谱的核心，通常采用本体库进行管理。本体是结构化知识库的概念模板，通过本体库形成的知识库不仅层次结构较强，且冗余程度较小。

5. 算法层技术特点及关键技术

（1）数据挖掘技术。

大量数据简单堆积无法自然产生结果，必须按照一定维度进行分析，通过算法挖掘隐藏于数据中的有用信息。专业数据分析如阴极保护电位分析，通常是运行效果分析；区域维度分析，如站场或单体设备的运行分析，通常属于故障诊断范畴；时间维度分析，如一段时间内各种参数的变化规律，通常指大维度系统运行诊断和故障调查。由于阴极保护数据各站相互跨接，某个管段杂散电流干扰会对多个管段造成影响，因此必须对一条管道的数据进行综合分析，通常需要连续分析某个较长时间段内整条管道阴极保护电位的历史信息。这些数据信息密度低，人工处理难度较大。通过数据挖掘算法进行阴极保护数据专业分析，能够识别干扰来源，并制订相应的防护措施。

同一类型的数据，如阴极电位、泵的运行及振动噪声可以反映相关设备的运行情况，深入分析可获得维修维护策略。利用人工智能对专业数据进行分析，可以将专业人员从复杂的数据处理中解放出来，利用设备产生的大量运行数据，挖掘潜在的、尚不明确原因的故障信息。

单个设备的变动会通过介质对其他设备产生影响，如一个调节阀动作，将会造成泵出口压力波动、管道压力振荡等。某区域内所有数据间均具有相关性，因此，对该区域所有生产运行数据进行综合分析，有助于查找真实故障原因。

现有 SCADA 系统对报警信息进行分级，再由调度员处理。由于这些报警信息大部分不会造成停输，因此只将其存档，不进行深入分析。如果对这些区域运行数据进行深入挖掘，则可以获得故障链，进而确定连锁反应的真实原因。通过区域维度数据对比分析，可以发现不同管理模式、运行人员、维护策略之间的优劣，最终获得最佳运行策略。

此外，管道水力系统具有压力连锁的特性，且各站间使用电连接进行跨接。一个故障或事故的信息会在此时间点向其他节点扩散，如管道发生打孔盗油等泄漏事件，泄漏产生的压力波动会向管道上下游传播，通过分析这个时间点的流体参数信息即可获得泄漏位置信息。

由于电网波动、地震等会造成同一时间较大范围内的系统故障，单个节点故障也会在系统内传播，造成所在系统的连锁反应，因此，按照时间维度分析数据，可以深度挖掘管网系统内各种连锁逻辑关系，更好地制订管道优化运行策略。在事故调查和确认时，通过分析事故发生时刻的各种数据，可以最终定位管道异常事件的初始原因。

（2）图像识别技术。

目前，图像智能识别是人工智能成熟的应用之一，管道行业的智能图像分析被用于实现从建设期检测信号识别到运行期管道沿线人员活动和地貌变迁识别。图像获取手段包括卫星遥感、航空遥感及专用检测设备等，由于图像特征各异，需要对不同图像数据建立相应样本集，并训练各自算法。管道在施工期进行射线与超声检测及在运行期进行内检测的过程中，均会产生大量图像信息。人工标记现有管道检测数据后，利用人工智能可对管道内检测和X射线片进行自动解读和分析，利用机器学习获得检测数据的智能判断算法，实现施工质量的自动判断。内检测方法众多，漏磁、超声等各种传感方式的图像也不尽相同，必须针对不同内检测数据选择相应算法，训练出与之匹配的识别程序。外检测数据智能识别算法则采用离线数据训练，取得满意数据分析程序后再嵌入终端设备，实现X射线图像和AUT全自动超声图像的自动判读，避免人工判读造成的误判。

管道沿线的卫星遥感图像可实现地质灾害识别、占压识别及河道变迁的大尺度趋势分析。遥感图像的智能解译主要包括管道路由自动定位，地质体高度、坡度等图像特征的智能提取。通过自动对比相同区域不同时期遥感图像的差异，可实现对地质体大尺度、长周期的趋势分析，从而对潜在地质灾害进行预警预报。目前，管道沿线已安装大量视频监控设备，其目的是配合事故调查和取证，但管道巡线仍主要依靠人工监视，存在不同程度的漏报。管道沿线视频设备的监控对象主要为车辆和人员活动，智能视频可自动识别出可能对管道造成破坏的工程装备（挖掘机、打桩机、植树机等），以及人员在管廊带的违规作业行为。同时，在智能工地应用中，摄像头还可以自动识别不安全行为（如未佩戴安全帽等）、不安全状态（如物体倾斜等），实现作业过程安全监管。通过智能摄像头的行为识别可降低人工图像监控的劳动强度，扩大视频监控覆盖范围，提高应用水平。

（3）知识管理与共享技术。

管道业务知识包括法律法规、标准规范、体系文件、操作指南、作业指导书、设备说明书及个人日常处置经验等，这些知识一部分已实现信息化，分布在各个数据库中；另一部分尚作为个人经验保存在管理人员大脑中。这些知识分布零散、规模宏大，造成全体操作人员无法在全部知识领域均处于统一且较高技术水平的理想状态。因此，很多工作的处置依赖具体操作人员的经验和水平，操作效果不可控。

在智慧管道建设过程中，可以利用知识图谱技术，建立管道行业知识图谱，对其进行系统学习，最终实现自动语义表达和问题答录。对于管道行业相关问题咨询，系统可自动给出相关规定和建议措施，从而将专家知识变为全体员工均可达到的知识服务水平，提高全员管理与操作技能。

（4）智能预测及优化算法。

管道行业是一个多目标系统，需要综合考虑资源、市场、能耗、管输收益及设备配置等多种因素，制订安全高效的运行方案。管道运行过程中 SCADA 系统及各种监测系统均会产生大量生产数据，这些数据沉淀在数据仓库中未发挥作用。通过人工智能算法可实现各种设备、能耗、输量、气质、用户等历史运行信息的深度挖掘，优选满足资源市场需求的最低能耗运行方案，给出最优资源调配路径和设备开机策略。人工智能可利用历史生产数据，进行全局最优化，为运行人员提供运行参考，这将成为智慧管道的重要应用。

（5）资源智能调度。

智能物流是物联网和人工智能的成熟应用，人员、物资及车辆都采用 RFID 芯片、二维码、身份识别芯片及巡检仪，结合 GPS 位置信息实现对物资和人员的识别与跟踪。信息系统能够实时更新各种资源的数量和位置信息，实现信息流和资产流的统一。

资源智能调度将实现人员、装备及物资的实时受控，保证资源调配可视。智慧管道在建设期可科学调配钢管和施工机具，在运行期可实时调配应急资源，实时显示各类资源进场进度，将近距离范围的人员、装备及物资优先调配到现场，节约资源配置费用。

（6）信息智能检索。

管道保护工作需要定期和政府相关部门进行交流，取得工程审批信息，并通过管道沿线信息员获取管道周围施工信息。智慧管道则可利用人工智能技术自动获取各类网站、微博、微信等社交媒体信息，结合管道路由，通过智能语义识别，实现管道沿线施工信息及人为活动的预测分析。如通过项目审批部门主动公开的安评、环评等建设项目公示，确定管道沿线是否存在潜在施工活动，以及可能与管道形成交叉的地点及开工时间。人工智能还可以针对行业内其他企业的产品动态、新闻动态、年报数据、网站数据等进行抓取和汇总分析，为管道安全运行提供决策支持。

6. 应用层技术特点及关键技术

智慧管网的基础是数字化建设、数字化移交，管道施工过程数据的自动采集是管道全智能化运行的保证。智能工地将通过施工人员身份确认、物料智能调配、违章行为提示、机械作业状态及作业环境异常监测，最终实现施工过程数据自动采集和安全监管。

输油泵、压缩机组、阀门等设备的运行状态是决定管道生产运行的关键，近年来出现了以 RCM、RBI 为代表的预防性维修方法，其核心原理是通过监测管道关键设备的振动、温度、流量、电压及电流等信息，采用多源异构数据分析，实现设备运行异常实时预警，自动推送维修工单进行预知性维修，保证管道关键设备的正常运行。

通过全面感知技术可实现对管道本体、地质灾害及周边环境的全面监测。以监测数据为基础，开发专业数据分析软件，实现对管道沿线第三方破坏、自然与地质灾害等异常事件的实时监测和预警预报，确保管道安全。

管道巡护人员管理是保证巡线质量的重要因素，现有巡检管理系统仅为单纯跟踪系统，无法进行效果评价。采用人工智能算法，可自动判断停留时间及行为模式，实现巡护效果的智能评价。在物资装备的库存和在途管理方面，结合设备健康管理平台对储备物资采购清单进行智能推送，实现企业储备物资优化管道有效运营需要获取并整合大量政策、资源、技术及市场信息，这些信息源于政府、行业监管机构、研究所、大学及供应商等不同机构，仅依靠自然传播会耗费较长时间。因此，需要进行自动抽取归纳，并智能推送，及时全面获取行业信息，提高其更新速度。

第二节　智慧管网智能化成熟度评价方法

一、成熟度理论在智慧管网的应用价值

从 2003 年"西气东输"冀宁联络线首次提出数字化管道建设目标开始，中国油气管道智能化建设经过十几年发展，取得了不错的成绩。在管道施工方面，自动化焊接比例大幅提高，中俄原油管道二线自动化焊接比例大幅提高，已达 70%，自动焊 +AUT 检查配套技术在中俄原油管道二线等管道中全面应用，实现了实时快速检测以及检测结果的智能采集和分析。在管理能力方面，成立了工程技术、采购和项目管理共享服务中心，统筹协调资源，共享智能化建设的经验和教训。在信息系统建设方面，形成了以 ERP 系统为核心，以管道生产管理系统（PPS）、管道完整性管理系统（PIS）、管道工程建设管理系统（PCM）为支撑的信息化总体架构，实现了管道建设过程的精细化管控和数字化移交，管道数字化程度不断提高。目前，中国油气管道已经实现了管线管理的数字化、标准化和可视化，但距离管线自动化、智能化管理还有一定差距，

距离"全面感知，融合互联，运行智能高效，预警预测可控"的建设目标还有很大差距。特别是大数据、物联网、云计算等新兴技术在油气管道建设、生产、运营过程中的应用程度和深度还不够，如何科学、真实、客观地评价智能化技术在油气管道中的应用情况成了亟待解决的问题。

得益于管理科学的快速发展与应用成熟度模型的出现，组织或者个人可以更加客观、可靠地评价被研究对象的状态、能力的发展过程，以便为其决策提供参考依据。而油气管道中智能化技术应用与软件开发项目不同，必须建立与油气智慧管网实际情况相符的应用成熟度模型。智能化技术在油气管道中应用是一个模糊的、渐进明细的过程，影响其应用水平的因素多、风险大、不确定性大，成熟度理论可以帮助企业评价在每个阶段智能化技术在油气管道中的应用情况，可以使智能化技术在油气管道中的应用情况由模糊、抽象的定性判断转变为具体、客观的定量判别。建立油气管道项目智能化技术应用成熟度模型可以找准智能化技术应用的重难点，掌握实际应用情况，持续改进油气管道智能化建设。

二、智能化成熟度评价在智慧管网领域的初步尝试

中俄东线天然气管道是中国第三代长距离、大输量天然气管道标志性工程，对保障中国能源安全、优化能源结构、助力经济发展、打赢蓝天保卫战具有重大意义。2019年12月2日，中俄东线天然气管道黑河—长岭段正式投产通气，展现了新时代中国管道建设的惊人速度与精湛技艺。该管道在中国乃至世界管道建设史上创下了多项新纪录：首次同时采用ϕ1422mm大口径、X80高钢级、12MPa高压力设计组合；创新搭建"智能工地"，在中国首次全线采用全自动化焊接、全自动超声波检测、全机械化防腐补口技术；作为中国石油首个智能化管道试点工程，通过"移动端 + 云计算 + 大数据"的体系架构，集成项目全生命周期数据，实现管道从建设期到运营期的资产数字化、可视化、智能化管理，推进中国油气管道建设由数字化向智能化转变；关键设备与核心控制系统实现国产化。中俄东线天然气管道取得的一系列创新成果，将进一步提升管道本质安全，提高运营效率并降低运营成本，保障中俄东线天然气管道的卓越运营。

2017年6月，依托中俄东线天然气管道试点建设智能化管道，中俄东线天然气管道北段初步建成实体管道和数字孪生体管道。根据中俄东线天然气管

道的智能技术应用现状，中国石油尝试开展油气管道项目智能化技术应用成熟度评价。评价流程包括制定调查问卷、收集和检查信息、打分定级以及提出建议。通过成熟度模型评价，可知中俄东线天然气管道的智能化技术应用已经达到集成级，仍需持续改进。目前，中俄东线天然气管道已经实现管线数字化设计，施工焊接自动化达 70% 以上，并建立了工程建设管理系统，管理人员可实时查看焊接过程的视频和数据；依靠专业软件，在可交付成果移交方面实现了数字化；在政策环境方面，国家颁布了《关于积极推进"互联网 +"行动的指导意见》等文件支持油气管道智能化建设。

但是，在试点应用过程中也出现了一些问题，如数字化成果处于孤岛状态，数字化移交还要依靠专业软件，数据共享困难；可视化仿真系统的应用场景有限；相关参与方的智能化技术应用程度还不够深。针对这三个方面的问题，首先需要打通各个系统平台之间的数据接口，提高系统互联互通水平；其次，需要建立提高数字化移交过程中的数据挖掘能力，建立三维轻量化模型；最后，要开发更多物理仿真技术，增强应用场景能力。

将成熟度理论引入油气智能管道建设项目中，可以发现油气管道智能化建设中遇到的瓶颈，找出管道智能化建设的短板，指引油气管道智能化和智慧管网建设并提升建设水平，对进一步提高油气管道智能化水平具有重要意义。

三、智慧管网成熟度评价方法

1. 智慧管网成熟度评价指标体系

智慧管网智能化成熟度模型的评价指标体系，是一系列反映石油天然气管道项目智能化成熟度状况的有机整体，而该有机整体就是由若干评价指标体系构成的。智慧管网成熟度是指从数据能力、技术水平、人员能力、业务智能化水平等方面对油气管网智能化发展程度进行等级划分，表征油气管网智能化水平的指标，第一级指标包括技术要素、人员要素、资源要素和业务要素，基于一级指标域进行进一步细分，形成二级指标，分别对 16 个能力域进行描述和要求，能力域下又可细分为 29 个能力子域形成三级指标，智慧管网成熟度模型评价指标体系如图 4-2 所示。

在本指标体系中，域是评价要素的二级指标，子域是评价要素三级指标，每个子域按照 A、B、C、D、E 五个层次设置评分项。

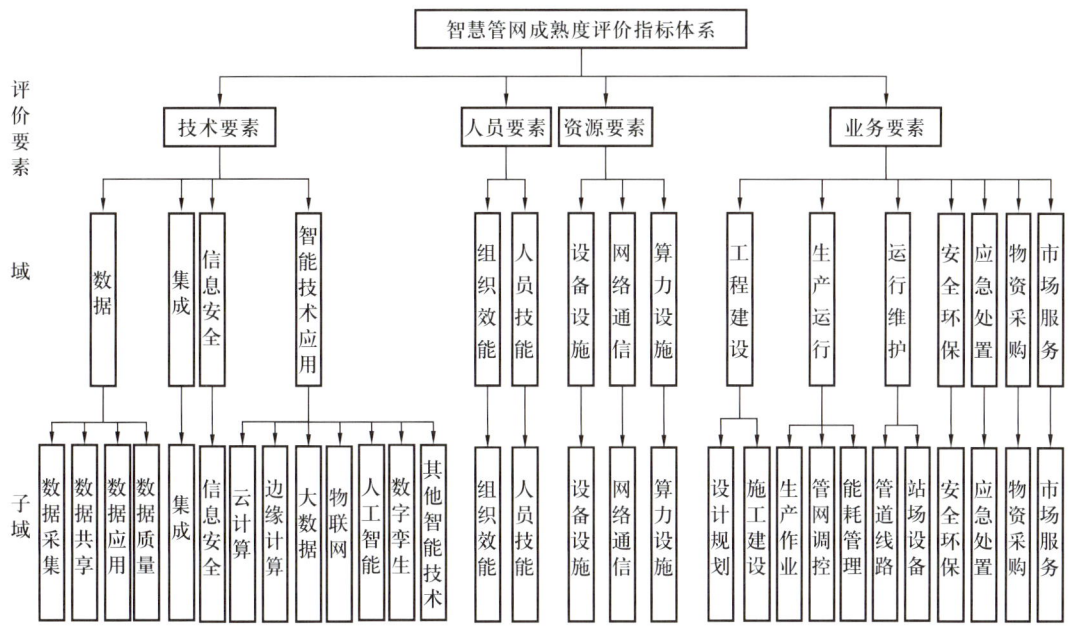

图 4-2　智慧管网成熟度模型评价指标体系

2. 智慧管网成熟度评价评分要求

在智慧管网成熟度模型评价指标体系中，每个子域总分为 100 分，划分为 A、B、C、D、E 五个层次，每个层次评分区间为 0～20，具体见表 4-1，子域得分为五个层次得分之和。评分过程中对照成熟度要求对子域的五个层次分别评分，各项指标的成熟度要求见本书的附录 A。

按照满足程度对成熟度指标占比以及评价要素中域和子域的每一条成熟度要求进行评分，并按照计算方法形成最终等级得分，被评价对象与指标描述越接近，评分值越高。

表 4-1　评分区间

层次	A	B	C	D	E
评分区间	$0 \leqslant X \leqslant 20$	$0 \leqslant X \leqslant 20$	$0 \leqslant X \leqslant 20$	$0 \leqslant X \leqslant 20$	$0 \leqslant X \leqslant 20$

3. 智慧管网成熟度评价权重设置

智慧管网成熟度评价指标权重按照表 4-2 推荐权重，评价人员可根据项目需求和实际情况调整智慧管网成熟度评价要素、域及子域设置指标权重。

表 4-2　智慧管网成熟度评价指标推荐权重

评价要素	评价要素权重	域	域权重	子域	子域权重
技术	30%	数据	35%	数据采集	25%
				数据共享	25%
				数据应用	25%
				数据质量	25%
		集成	10%	集成	100%
		信息安全	15%	信息安全	100%
		智能技术应用	40%	云计算	15%
				边缘计算	15%
				大数据	15%
				物联网	15%
				人工智能	15%
				数字孪生	15%
				其他智能技术	10%
人员	10%	组织效能	40%	组织效能	100%
		人员技能	60%	人员技能	100%
资源	20%	设备设施	40%	设备设施	100%
		网络通信	30%	网络通信	100%
		算力设施	30%	算力设施	100%
业务	40%	工程建设	15%	设计规划	50%
				施工建设	50%
		生产运行	25%	生产作业	30%
				管网调控	40%
				能耗管理	30%
		运行维护	20%	管道线路	50%
				站场设备	50%
		安全环保	10%	安全环保	100%
		应急处置	10%	应急处置	100%
		物资采购	10%	物资采购	100%
		市场服务	10%	市场服务	100%

4. 智慧管网成熟度评价计算模型

智慧管网成熟度计算方法应按照以下步骤：
（1）确定子域各个层次评分值；
（2）确定子域评分值；
（3）确定域评分值；
（4）确定评价要素评分值；
（5）确定被评价管道智能化水平成熟度评分值；
（6）确定智慧管网成熟度评分值。

子域评分值按式（4-1）计算：

$$P = \sum_{i=1}^{n} X_i \quad (4-1)$$

式中　P——子域评分值；
　　　X_i——子域中 A、B、C、D、E 五个层次评分值；
　　　n——子域内评分层次个数，一般为 5。

域评分值为该域内每个子域评分值加权求和，域得分按式（4-2）计算：

$$Q = \sum (P \times \gamma) \quad (4-2)$$

式中　Q——域得分；
　　　P——子域评分值；
　　　γ——子域权重。

评价要素的得分为该要素下域的加权求和，评价要素的得分按式（4-3）计算：

$$R = \sum (Q \times \beta) \quad (4-3)$$

式中　R——评价要素得分；
　　　Q——域得分；
　　　β——域权重。

单条管道或管段智能化水平成熟度评分方法，为四项评价要素的加权求和，按式（4-4）计算：

$$S = \sum (R \times \alpha) \quad (4-4)$$

式中　S——单条管道或管段成熟度评分值；

R——评价要素得分；

α——评价要素权重。

智慧管网成熟度计算方法为，所评价管网包含管道成熟度评分值加权求和，按照式（4-5）计算

$$M = \sum_{i=1}^{N} S_i L_i / L \tag{4-5}$$

式中　　M——管网智能化水平成熟度评分值；

　　　　S_i——第 i 条管道成熟度评分值；

　　　　L_i——第 i 条管道长度，km；

　　　　L——所评价管网总长度，km。

5. 智慧管网成熟度评价等级划分

智慧管网成熟度等级由低至高分为五级，分别是一级（规划级）、二级（规范级）、三级（集成级）、四级（优化级）、五级（引领级）。

智慧管网成熟度等级要求如下：

（1）一级（规划级）：开始对油气管网智能化建设基础和条件进行规划，能够对关键核心业务进行流程化管理。

（2）二级（规范级）：采用自动化技术、信息技术手段对核心装备和核心业务进行升级改造，主要核心业务实现信息化，实现同一业务场景内数据共享。

（3）三级（集成级）：建成统一集成的泛在感知基础设施，主要设备和核心业务实现远程监控，主要信息系统实现了集成，能够实现跨业务活动的数据共享。

（4）四级（优化级）：建立全面统一数据标准，核心设备和业务场景实现数字孪生，具备开展海量数据挖掘能力，能够基于全生命周期数据实现综合性预判和一体化管控。

（5）五级（引领级）：形成系统全面的油气管网知识体系和模型库，实现对核心业务的精准预测和优化；基本具备自适应优化能力，支撑以数据和知识为核心的数字化、智能化和平台化管理。

智慧管网成熟度在得到各子域、域以及评价要素的权重以及得分后进行综合判定，管段、管道或管网成熟等级根据成熟度评分值按照表4-3确定。

表 4-3　成熟度等级判定

成熟度等级	一级（规划级）	二级（规范级）	三级（集成级）	四级（优化级）	五级（引领级）
成熟度评分值	$0 \leqslant M < 20$	$20 \leqslant M < 40$	$40 \leqslant M < 60$	$60 \leqslant M < 80$	$80 \leqslant M \leqslant 100$

6. 智慧管网成熟度评价工作流程

成熟度评价工作宜在管道运行满一年以后开展，实施成熟度评价后管道智能化水平发生较大变化时，需要再次进行评价。开展智慧管网成熟度评价，按照图 4-3 所示流程实施评价，主要工作包括前期准备、实施评价、发布结果三个核心环节，在实施评价的过程中，应通过适当的方法收集并验证与评价目标、评价范围、评价准则有关的证据，包括与智慧管网业务管理相关的职能、活动和过程有关的信息。采集的证据应予以记录，采集方式可包括访谈、观察、现场勘察、文件与记录评审、信息系统演示等。确定最终结论后，基于成熟度评价结果，针对评价弱项提出改进建议措施。

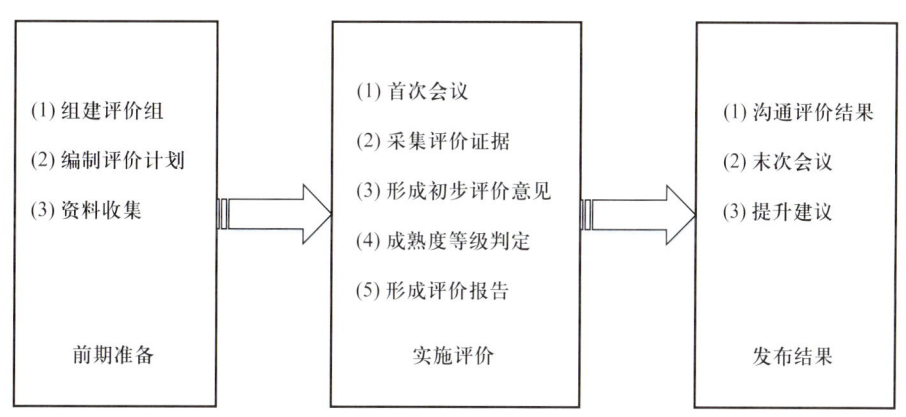

图 4-3　智慧管网成熟度评价流程

（1）前期准备。

评价方实施评价前需组建一个有经验、经过培训、具备评价能力的评价组实施现场评价活动，并根据评价范围、评价目标等因素确定评价组人员组成，评价组人员数量应为奇数，且不少于五人，应具备油气储运、自动化、信息化专业背景，同时确认一名评价组长，组长应当具备高级职称且相关工作年限不少于七年。

评价组应编制评价计划，评价计划应包括评价目的、范围、任务、人员、日程安排等，围绕评价计划开展以下资料收集工作：

① 了解管道概况，全面、准确收集成熟度评价相关资料；

② 确定评价准则、指标及权重；

③ 确定正式评价实施的可行性。

（2）实施评价。

实施评价过程中需要召开首次会议，目的是确定如下事项：

① 说明评价目的、介绍评价方法、确定评价日程；

② 介绍评价组人员和分工安排；

③ 确认相关方对评价计划的安排达成一致；

④ 明确其他需要提前沟通的事项。

在实施评价的过程中，通过适当的方法收集并验证与评价目标、评价范围、评价准则有关的证据，包括与智慧管网业务管理相关的职能、活动和过程有关的信息。采集的证据应予以记录，采集方式可包括访谈、观察、现场勘察、文件与记录评审、信息系统演示等。

对照评价准则，将采集的证据与其满足程度进行对比形成初步评价意见。具体的评价意见应包括具有证据支持的符合事项和良好实践、改进方向以及弱项。评价组应对评价发现初步意见达成一致，必要时进行组内评审。

依据每一项指标的评分结果，结合权重值，按照本书所述的智慧管网成熟度评价方法计算评分值，并确定评价对象成熟度等级。

评价后需形成评价报告，评价报告至少应包括评价活动总结、评价结论、评价强项、评价弱项及改进方向等内容。

（3）发布结果。

在完成现场评价活动后，评价组应将评价结果与受评价方代表进行通报，给予受评价方再次论证的机会，并由评价组确定最终结果。

评价后召开末次会议，末次会议主要确定如下事项：

① 总结评价过程；

② 发布评价报告和评价结论；

③ 总结评价强项、评价弱项、改进方向等。

最后，基于成熟度评价结果，针对评价弱项提出改进建议措施。

第五章
天然气长输管道智能化成熟度评价应用案例

第一节　项目背景

我国智慧管网及智能化油气管道建设在近年来取得了重要进展。在政策支持和技术创新方面，国家不断推动油气管道的智能化建设。例如，国家发改委、能源局等部门出台了一系列政策，鼓励和支持智能化油气管道建设。同时，随着物联网、大数据、人工智能等技术的不断发展，也为智能化、智慧化油气管道建设提供了更好的技术条件。

在建设实践方面，我国已经建设了多条智能化油气管道，这些管道具有自动化、智能化、安全可靠等特点。例如，国家石油天然气管网集团有限公司通过对中俄东线、中缅管道应用智能化技术，实现了对管道全线远程监控和智能化管理，提高了管道的安全性和可靠性。同时，中国石化、中国海洋石油集团有限公司等公司也在积极推进智能化油气管道建设。

总体来说，我国智能化油气管道建设已经取得了一定的成果，但仍然存在一些问题和挑战。例如，部分地区油气管道老化、安全隐患突出，需要加强维护和更新；智能化技术应用尚未完全普及，部分企业缺乏相关技术和人才等。未来需要继续加强政策支持和技术创新，推动我国智能化油气管道建设迈上新台阶。

本次评价，针对某天然气长输管道智能化建设水平，开展试点作业区调研走访，根据智慧管网及其智能化的特征，围绕某天然气长输管道智能化基础设施现状、数据管理现状、系统应用现状进行调研，了解评价对象的建设情况，依据智慧管网智能化成熟度评价方法得出某天然气长输管道试点作业区智能化成熟度等级，并给出下一步工作建议。

第二节　管道及作业区现状

一、总体情况

本次评价项目在某天然气长输管道开展，该管道于 2012 年 4 月 6 日正式开工建设，2013 年 10 月 18 日全线投产输气，包括 1 条干和 7 条支线，干线全长 1751 公里，管径 1016mm，设计压力 10MPa，设计输量 120 亿方每年，采用 X80+X70 螺旋埋弧焊钢管和直缝埋弧焊钢管，管道干线设置站场 17 座、阀室 60 座，沿线有 6 处大型穿跨越。

该管道共设 4 个分公司、15 个作业区，本次评价项目选取了每个分公司下的一个作业区，共 4 个作业区所辖的管道作为评价对象，开展相关调研、数据采集与成熟度评价工作。

二、作业区所辖管道智能化现状

1. 智能化设施及技术应用情况

每个作业区由于管理的管道特点不一、管理业务特点不同，管道线路及站场中应用的智能化技术手段略有不同，具体情况见表 5-1 和表 5-2。

所调研作业区自动控制系统均采用以计算机为核心的监控和数据采集（SCADA）系统，完成对全线各工艺站场的监控和管理等任务，包括站场的阀门状态、泵状态、温度、压力、流量计、液位、火灾系统、自用气撬、电子保护单元、阴极保护、UPS 备用电源、箱式变压器、压缩机能耗、振动系统、密度计、油品分析仪、阀室等数据的采集，重要生产数据采集完整。

SCADA 系统架构采用分级模式，由总部调度控制中心和位于沿线各工艺站场 S 站控系统（CS）及远控线路截断阀室的 R 远程终端设备（TU）组成。它们之间通过广域网连接，通信媒介采用光缆和卫星通信。

该管道工业物联数据共享系统建立了生产数据网，在不影响 SCADA 系统安全平稳运行、不降低 SCADA 系统数据采集与监控质量的前提下，打通了 SCADA 等工控系统与办公网之间的传输通道。某管道工控数据进入办公网后最终接入成都分控中心中间数据库，实现了工控数据的共享。

第五章 天然气长输管道智能化成熟度评价应用案例

表 5-1 管道线路智能化技术应用现状

序号	智能化技术	作业区A	作业区B	作业区C	作业区D	应用效果和存在问题
		是否应用				
1	光纤振动预警技术	是	是	是	是	经常使用，准确率80%以上，存在误报率，监测精度需进一步提升
2	线路重点区域视频监控技术	是	是	是	是	目前采取4G/5G和以太网相结合的方式传输数据，重点对高后果区设备设施及人员车辆等识别。视频图形分辨率、目标对象行为判断等准确度需进一步提升
3	无人巡检技术	否	否	否	否	仍需要借助人工巡检进行现场确认
4	卫星遥感技术	否	否	否	否	正在筹备建设中
5	管道泄漏监测技术	是	是	是	是	全管段使用，误报漏情况较多，实际使用效果较差，仍需人工巡检确认
6	地质灾害监测技术	是	是	是	是	可以监测河道流速、管道深部位移、地表位移、降水量、裂缝情况、倾斜监测、埋地压力、土壤含水率等指标，数据与"管道沿线地质灾害监测、监测平台"进行交互，按照预设数据发出告警。但存在误报以及漏报情况。监测灵敏度需要进一步提高
7	智能阴保监测技术	是	是	是	是	能够不间断实时监测管道电位等各项参数，为山地管道阴保系统研究提供重要数据支持；但由于采集模块利用采集仪配合极化探头实现数据采集，受土壤温度、湿度等因素影响，导致数据采集的准确性受到影响。供电模块中，采用太阳能电池板作为系统供电。日照条件和天气情况会对供电的稳定性造成影响。传输模块中，采用无线通信技术进行数据传输，信号覆盖范围和信号干扰等因素会影响传输的稳定性，同时维护成本高
8	清管器跟踪定位技术	否	否	否	否	—
9	管道风险动态智能评价系统	否	否	否	否	—

— 91 —

续表

序号	智能化技术	是否应用				应用效果和存在问题
		作业区A	作业区B	作业区C	作业区D	
10	管道线路智能巡检系统	是	是	是	是	除去隧道、穿跨越和少数无人区未覆盖巡检，其余区域均已完全覆盖
11	管道内外检测缺陷智能评判	否	否	否	否	—
12	具有准确的数字化资料或开展了数据恢复	是	否	是	否	建立了生产智能管道管理系统等业务管理平台进行统一的生产过程资料处理中台，中台的数据治理、进行统一，与各个业务子系统的兼容性需进一步开放。中台的接口需要进一步完善
13	日常工作产生的数据进行统一存储和管理	是	是	是	是	站控室上位机能够对历史数据进行存储，能够满足存储时间30天以上；PPS系统能够对日常生产运行数据进行存储；生产智能系统能够对设备设施的数据进行存储。管道数据存储主要依靠PIS系统未储存
14	日常工作产生的数据有明确的管理制度，有明确的数据管理与质量要求	是	是	是	是	有明确的数据管理办法，主要是对数据录入的准确性、及时性进行考核
15	管道线路数字孪生体构建	是	否	否	是	规划并建立了管道数字孪生模型并进行实时生产数据仿真，应用效果受现场传感器采集手段限制，时效性较差，需要进一步完善提升

表 5-2 管道站场智能化技术现状

序号	智能化技术	是否应用				应用效果和存在问题
		作业区 A	作业区 B	作业区 C	作业区 D	
1	天然气泄漏监测	是	是	是	是	催化型可燃气体检测；效果良好
2	输油站场泄漏监测	是	是	是	是	广泛使用，误报率较低，精度较好
3	周界安防系统	否	否	否	否	激光对射、振动感应；效果差
4	视频监控系统	否	否	否	否	各场站广泛部署，效果良好
5	储罐监测系统	否	是	否	否	使用较普遍，精度高，效果好
6	输油泵机组监测	是	是	是	是	振动、温度、转速、电参数等方面实时监测，可以实现远程和就地控制，效果良好
7	压缩机机组监测	否	否	是	是	振动、温度、转速、排气量、能耗等方面实时监测，存在人工自行分析问题
8	流量计智能诊断	否	否	否	否	—
9	阀门内漏监测	否	否	否	否	—

该管道为一级调控管道，可以实现总部油气调控集中控制，生产过程实行三级操作管理模式。即：（1）调度控制中心监视、控制及调度管理；（2）站控制室远程监控；（3）就地手动控制。所有与主流程切换相关的设备均能够在调度控制中心远控操作。

在正常情况下，由总部调度控制中心对全线进行监视和控制。调度和操作人员能在总部调度控制中心通过计算机控制系统完成对全线的监视、操作和管理。在通常情况下，沿线各站无需人工干预，各站的站控制系统在调度控制中心的统一指挥下完成各自的工作。控制权限由调度控制中心确定，经调度控制中心授权后，才允许操作人员通过站控制系统对各站进行授权范围内的工作。当进行设备检修或紧急停车时，可用就地控制。当数据通信系统发生故障或系统检修时，由站控制系统完成对本站的监视控制。各个作业区自动控制系统及传动系统情况见表 5-3。

表 5-3 作业区控制系统情况

序号	所辖作业区	系统名称	建设情况
1	作业区 A	SCADA 上位系统	国产厂家主要为联想，国外厂家主要为泰尔文特
2		PLC	主要采用 AB 公司可编程控制器进行基础自动化控制
3		变频传动	采用 ABB 变频器
4		MCC	—
5	作业区 B	SCADA 上位系统	中油龙慧及泰而文特进行二次开发
6		PLC	采用 ROCKWELL 可编程控制器进行基础自动化控制
7		变频传动	采用 ABB 变频器
8		MCC	采用 ABB 低压电气产品
9	作业区 C	SCADA 上位系统	主要为泰而文特厂家上位系统
10		PLC	主要采用 AB 公司可编程控制器进行基础自动化控制
11		变频传动	采用 ABB 变频器
12		MCC	采用 ABB 低压电气产品
13	作业区 D	SCADA 上位系统	主要为泰而文特厂家上位系统
14		PLC	—
15		变频传动	—
16		MCC	—

2. 智能化网络环境建设情况

所评价管道光传输系统采用同沟敷设方式，油气管道所有站场和监控阀室光传输系统统一考虑，各站和阀室共用一套光通信设备。光传输系统采用链形的二层网络结构，骨干层采用2.5G设备构成光传输链；接入层采用155M设备构成光传输链，将管道监控阀室的业务汇聚到就近的2.5G光通信节点。支线也采用链形的二层网络结构，骨干层为622M的同步数字系列光传输链；接入层为155M的同步数字系列光传输链，该管道部分站场到分公司链路情况见表5-4。

表 5-4 某天然气长输管道部分站场到分公司链路情况

公司名称	作业区	站场名称	链路类型	甲端	乙端	带宽
A分公司	A作业区	A分输站	自建	A分公司机关	A分输站	20Mbit/s
B分公司	B作业区	B首站（三干线合建）	自建	B分公司机关	B首站（三干线合建）	20Mbit/s
C分公司	C作业区	C压气站	自建	C分公司机关	C压气站	20Mbit/s
D分公司	D作业区	D分输压气站	自建	D分公司机关	D分输压气站	126Mbit/s

3. 智能化应用系统建设情况

作业区涉及的主要应用系统包括资产完整性管理系统、生产智能管理系统以及作业区智能管理平台等。

资产完整性管理系统建设的整体功能架构如图5-1所示。资产完整性管理系统功能包括专业应用功能、通用基础功能和移动端通用功能。

其中设备完整性管理主要包括设备主数据管理、作业标准管理、风险管理、缺陷管理、设备运行管理、监测报警管理、设备巡检管理、设备检测管理、检维修作业管理等功能；线路完整性管理主要包括建设期数据数字化移交、数据符合性排查、管道走向图报备、隐患管理、资产完整性管理方案管理、维检修作业规范管理、高后果区识别与评价、风险评价、检测评价、防腐管理、管道保护、管道防汛、管道巡护、线路附属设施日常维护、线路在线监测、移动应用等功能。

安全预警管理主要包括基础数据管理、综合报警管理和作业安全监控等功能；应急管理主要包括基础功能、大屏展示、应急资源、应急预案、应急演

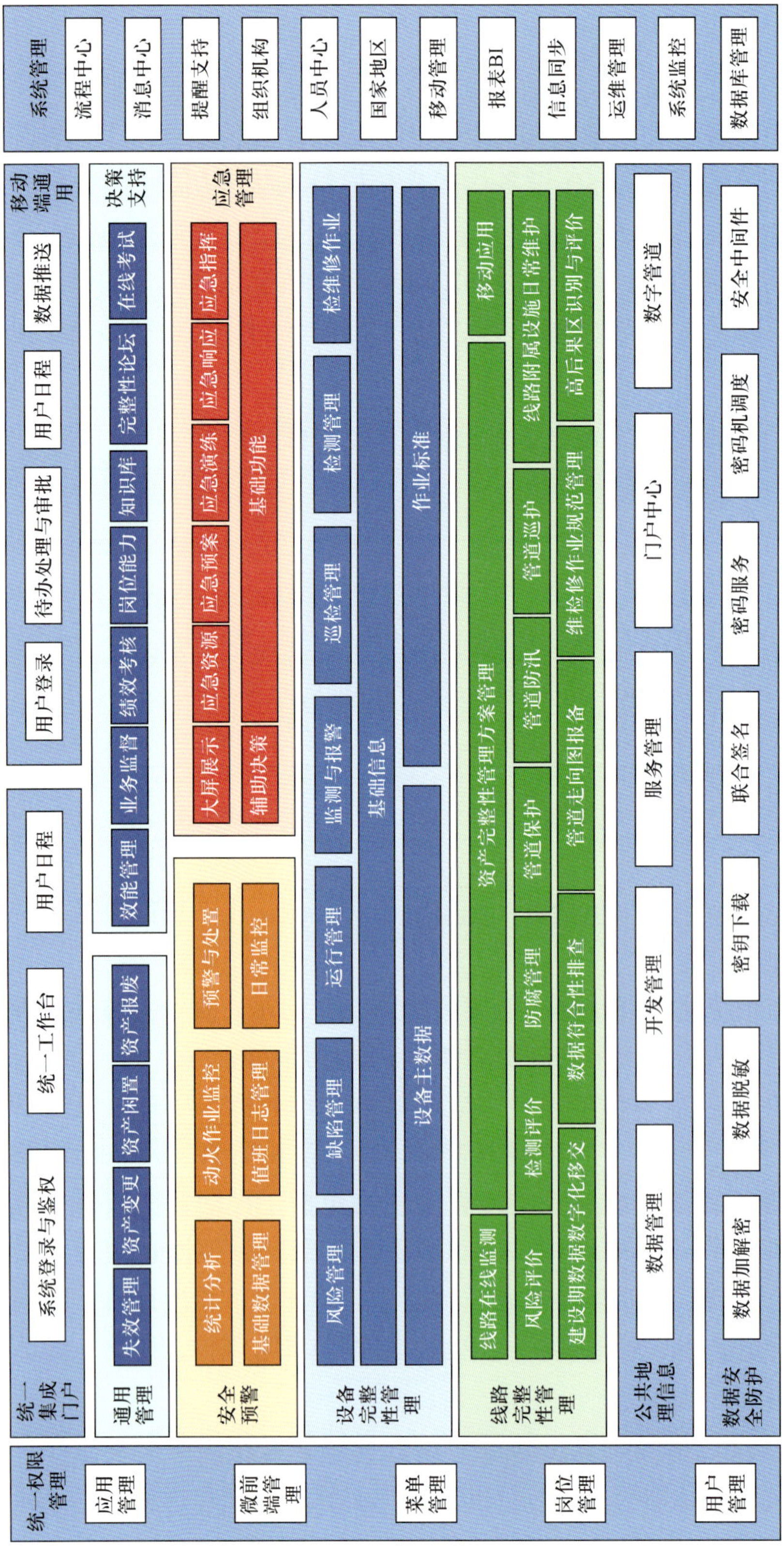

图 5-1 资产完整性管理系统功能架构图

练、应急响应、应急指挥和辅助决策等功能；通用管理范畴涵盖了设备完整性管理和线路完整性管理，主要包括失效管理、资产变更管理、资产闲置管理、资产报废管理等功能。决策支持主要包括效能管理、业务监督、绩效考核、岗位能力、知识库、资产完整性论坛和岗位能力在线考试等功能。

通用基础功能是为不同子系统或模块提供相同应用功能或服务支持。主要包括统一集成门户（统一登录与鉴权、统一工作台、用户日程等）、统一权限管理（用户管理、角色管理、应用管理、菜单管理等）、系统管理（流程中心、消息中心、提醒支持、组织机构管理、人员管理、国家地区、报表BI、移动管理、运维监控等）功能。

资产完整性管理系统在管道的各个作业区均处于试用阶段，其中管道巡护功能使用度较高，基层站队巡检人员通过移动端获取巡检任务后，按巡检任务的要求进行巡检，进行沿线关键点的巡护观察和打点。B分公司和C分公司在系统使用中反馈存在打点失败及打点频率设置不合理等问题，需要进一步完善分级巡护制度，针对重要线路加密打点频率。

生产智能管理系统以提高管道生产智能化运行管理水平为目标，以生产管理与信息化的高度融合为方向，运用物联网、云计算、移动互联和大数据等为核心的信息技术，感测、分析、整合生产管理关键信息并做出智能响应，促进生产资源要素配置优化、高效，促进管道生产运行更加安全、平稳、效率、受控、清洁。提升西南管道公司生产智能化管理水平，为构建数据全面统一、运行智能高效、预测预警可控的"智慧管道企业"提供基础信息化管理平台。

生产智能管理系统，具有以下功能：

（1）以资产全生命周期管理为核心，包括资产设备基础管理、运行管理、技术标准管理、预警管理、计划管理、工单管理、变更管理、统计管理等业务功能体系，并通过系统集成实现资产全生命周期信息汇总；

（2）集成在线监测系统预警或报警系统，系统自动生成工单，实现监测预警、警示的闭环管理；对集成的数据点进行分级分类，建立完整的预警和警告阈值体系，实现设备自动预警体系。

生产智能管理系统作为该管道核心的生产运行支撑系统，承担着生产运行、设备、应急等业务管理，同时与统建、自建系统数据集成，将自动化、信息化、智能化有效融合，对上实现公司生产状态的实时智能分析，对下实现业务的高效智能管理。某管道的各作业区对"设备台账""设备履历""设备看板""（运维检）工单管理""统计分析"等功能使用度较高，业务贴合度较高，能覆盖中缅管道各项业务，业务支撑性较好。

生产智能管理系统功能架构图如图 5-2 所示。

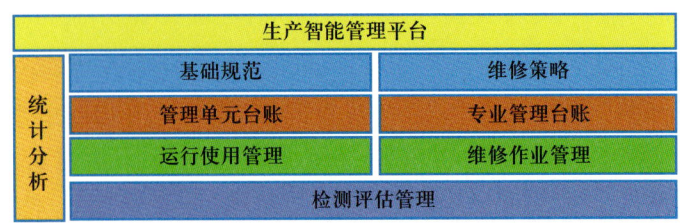

图 5-2　生产智能管理系统功能架构图

某管道的作业区智能管理平台的建设目标是从适应公司区域化管理变革的需要出发，按照"集中监视、集中巡检、运维抢一体化"的模式要求，利用自动化、数字化、信息化和智能化等先进技术，建设作业区数字化平台；集成工程、生产、管道、安全、综合等五大主要业务的工作流、数据流和信息流，开展"孪生可视、集成融合、智能协同、高效便捷"的创新实践，推动作业区基础管理的夯实、管控能力的增强和管控水平的提升。作业区智能管理平台系统架构如图 5-3 所示。

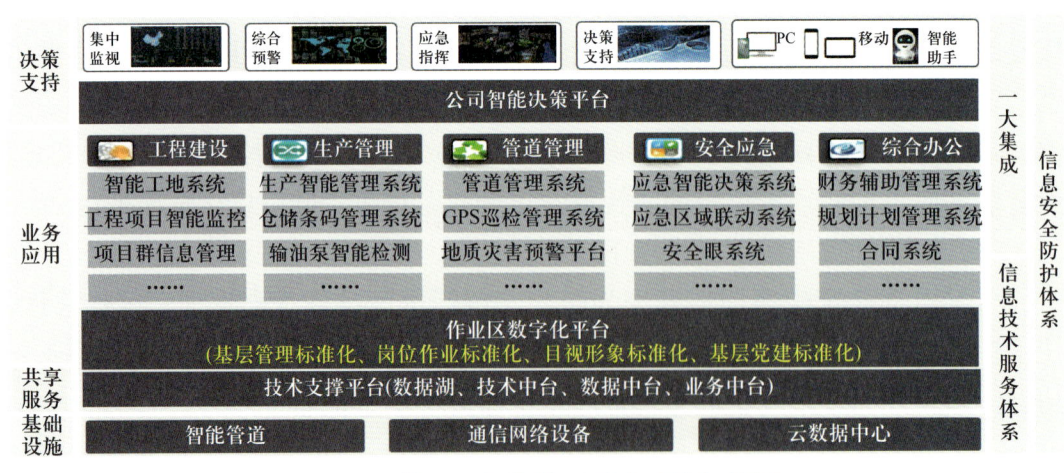

图 5-3　作业区智能管理平台系统架构图

作业区智能管理平台包括通用功能、业务应用两大部分，73 项子功能，其中通用功能 32 项，业务应用 41 项。功能分为两类：标准功能和可选功能，其中标准功能 53 项，可选功能 20 项。作业区智能管理平台功能框图如图 5-4 所示。

作业区智能管理平台汇聚生产、管道、安全、经营管理等各领域专业系统 36 类业务数据，为后续数据中台建设、数字化应用及转型奠定数据基础。

图 5-4　作业区智能管理平台功能框图

第三节　评价实施

一、概述

本次智慧管网智能化成熟度评价的目的是了解所评价目标的智能化水平，发现智能化转型过程中的不足之处，提出改进方向，并为企业或组织的未来发展提供决策支持。通过对智能化成熟度评价的内容进行分析评判，包括企业或组织的业务流程、数据应用、技术应用、员工素质等多个方面，采用问卷调查、访谈、资料分析等多种方法进行智能化成熟度评价。其中，问卷调查可以针对企业或组织内部的不同岗位、不同部门进行，以获得全面、客观的数据；访谈可以针对企业或组织内部的员工、领导、业务部门负责人等进行，以获得深入、具体的反馈；资料分析可以对企业或组织的内部资料进行分析，以获得详实、可靠的数据支持。

智能化成熟度评价可以帮助企业或组织更好地了解自身的智能化水平，发现智能化转型过程中的瓶颈和问题，提出针对性的改进措施，推动企业或组织的智能化转型进程，提高企业或组织的竞争力和可持续发展能力。

二、评价过程

本次智慧管网智能化成熟度评价工作，工作组针对所评价的目标组建了一个有经验、经过培训、具备评价能力的评价组实施现场评价活动，由一名评价组长及多名评价组员组成，评价流程如图 5-5 所示。在正式开展工作前，工作组根据实际情况编制预评价计划和正式评价计划，评价计划中包括了评价目的、范围、任务、人员、日程安排等。

在实施评价的过程中，工作组通过适当的方法收集并验证与评价目标、评价范围、评价准则有关的证据，包括与智慧管网业务管理相关的职能、活动和过程有关的信息。采集的证据均予以记录，采集方式包括访谈、观察、现场巡视、文件与记录评审、信息系统演示、数据采集等。

工作组通过对照评价准则，将采集的证据与其满足程度进行对比形成评价发现。具体的评价发现包括且不限于具有证据支持的符合事项和良好实践、改进方向以及弱项。评价组每个作业区评价后对评价发现达成一致意见，必要时进行组内评审。依据每一项指标的打分结果，结合权重值，计算得分，并最终判定成熟度等级。

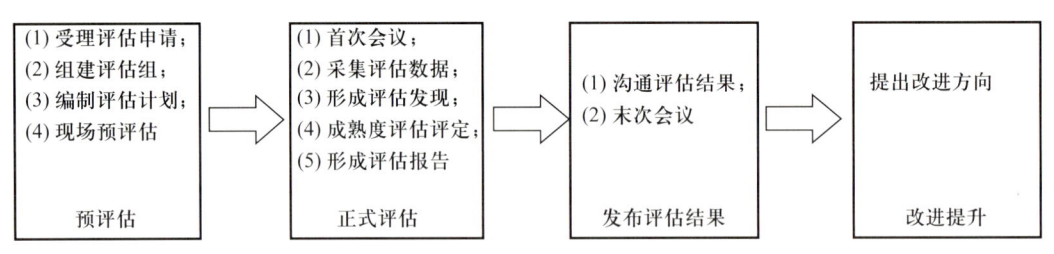

图 5-5　智慧管网成熟度评价流程

三、评价依据

智慧管网成熟度等级由低至高分为五级，分别是一级（规划级）、二级（规范级）、三级（集成级）、四级（优化级）、五级（引领级）。

智慧管网成熟度等级要求如下：

（1）一级（规划级）：开始对油气管网智能化建设基础和条件进行规划，能够对关键核心业务进行流程化管理。

（2）二级（规范级）：采用自动化技术、信息技术手段对核心装备和核心业务进行升级改造，主要核心业务实现信息化，实现同一业务场景内数据共享。

（3）三级（集成级）：建成统一集成的泛在感知基础设施，主要设备和核心业务实现远程监控,主要信息系统实现了集成,能够实现跨业务活动的数据共享。

(4)四级(优化级):建立全面统一数据标准,核心设备和业务场景实现数字孪生,具备开展海量数据挖掘能力,能够基于全生命周期数据实现综合性预判和一体化管控。

(5)五级(引领级):形成系统全面的油气管网知识体系和模型库,实现对核心业务的精准预测和优化;基本具备自适应优化能力,支撑以数据和知识为核心的数字化、智能化和平台化管理。

本次智慧管网智能化成熟度评价根据管道实际情况,采用的评价指标体系如图5-6所示。

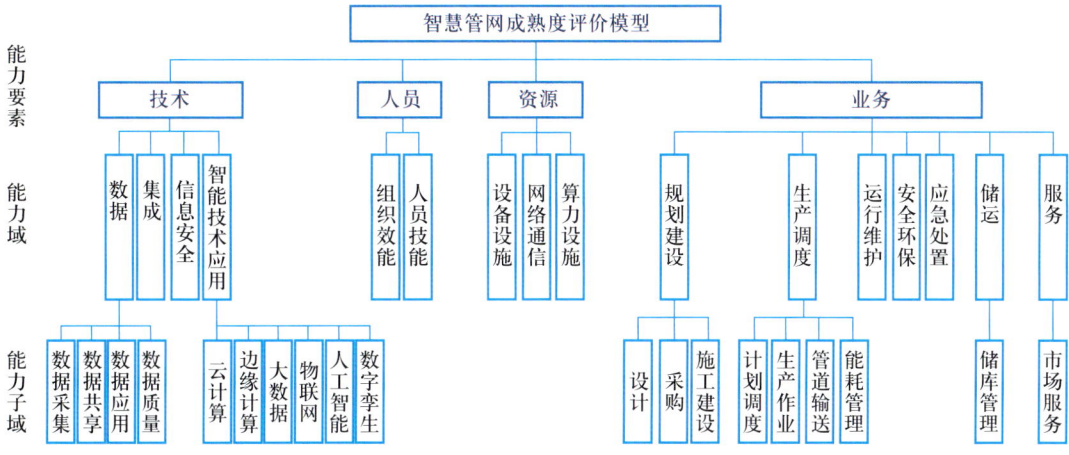

图5-6 评价指标体系

在进行智慧管网成熟度等级评定时,工作组针对评价对象所采集的数据与成熟度评价指标的具体要求进行对照,按照满足程度对成熟度指标占比以及能力要素中能力域和能力子域的每一条成熟度要求进行打分,并按照计算方法形成最终等级得分。

四、评价结论

通过对上述四个作业区的调研评价,可以得知目前某管道整体在通信及自动化设施建设方面已经具备了较为齐全的管理手段,建立了分级管控机制实现对于管段和站场等关键节点的有效管理,初步实现了计算、网络和存储资源的虚拟化,为上层业务系统提供了动态的、按需的、可伸缩的基础资源服务,同时提供了更迅速、更标准、更安全的安装、运维服务。本次评价中四个作业区的各项指标见表5-5至表5-8。

表 5-5 A 作业区评价结果

能力子域（能力域）	得分	评级	能力子域权重	能力子域得分	能力域	能力域得分（和）	能力域权重	能力要素得分	能力要素	能力要素得分（和）	能力要素权重	总分	总分（和）
数据采集	80.00	4	25%	20.00	数据	71.25	50%	35.63	技术	63.58	25%	15.89	68.36
数据共享	60.00	3	25%	15.00									
数据应用	80.00	4	25%	20.00									
数据质量	65.00	3	25%	16.25									
集成	0.00	1	100%	0.00	集成	0.00	0%	0.00					
信息安全	70.00	3	100%	70.00	信息安全	70.00	20%	14.00					
云计算	0.00	—	0	0.00	智能技术应用	46.50	30%	13.95					
边缘计算	50.00	3	20%	10.00									
大数据	30.00	2	20%	6.00									
物联网	75.00	4	30%	22.50									
人工智能	0.00	—	20%	0.00									
数字孪生	40.00	2	20%	8.00									
组织效能	45.00	3	100%	45.00	组织效能	45.00	40%	18.00	人员	51.00	10%	5.10	
人员技能	55.00	3	100%	55.00	人员技能	55.00	60%	33.00					
设备设施	82.00	4	100%	82.00	设备设施	82.00	40%	32.80	资源	75.10	25%	18.78	
网络通信	78.00	4	100%	78.00	网络通信	78.00	30%	23.40					
算力设施	63.00	3	100%	63.00	算力设施	63.00	30%	18.90					

续表

能力子域（能力域）	得分	评级	能力子域权重	能力子域得分	能力域	能力域得分（和）	能力域权重	能力要素得分	能力要素	能力要素得分（和）	能力要素权重	总分	总分（和）
设计规划	38.00	2	30%	11.40	规划建设	42.80	10%	4.28					
采购	58.00	3	30%	17.40									
施工建设	35.00	2	40%	14.00									
计划调度	44.00	3	25%	11.00	生产调度	65.75	40%	26.30	业务	71.48	40%	28.59	68.36
生产作业	73.00	4	25%	18.25									
管道输送	80.00	4	25%	20.00									
能耗管理	66.00	3	25%	16.50									
运行维护	76.00	4	100%	76.00	运行维护	76.00	20%	15.20					
安全环保	85.00	4	100%	85.00	安全环保	85.00	20%	17.00					
应急处置	87.00	4	100%	87.00	应急处置	87.00	10%	8.70					
储库管理	0.00	—	100%	0.00	储运	0.00	0%	0.00					
市场服务	0.00	—	100%	0.00	服务	0.00	0%	0.00					

表 5-6　B 作业区评价结果

能力子域（能力域）	得分	评级	能力子域权重	能力子域得分	能力域	能力域得分（和）	能力域权重	能力要素得分	能力要素	能力要素得分（和）	能力要素权重	总分	总分（和）
数据采集	68.00	4	25%	17.00	数据	70.25	50%	35.13	技术	60.99	25%	15.25	62.51
数据共享	65.00	3	25%	16.25									
数据应用	77.00	4	25%	19.25									
数据质量	71.00	3	25%	17.75									
集成	0.00	—	100%	0.00	集成	0.00	0	0.00					
信息安全	72.00	4	100%	72.00	信息安全	72.00	20%	14.40					
云计算	0.00	—	0	0.00	智能技术应用	38.20	30%	11.46					
边缘计算	52.00	3	20%	10.40									
大数据	34.00	2	20%	6.80									
物联网	70.00	4	30%	21.00									
人工智能	0.00	—	20%	0.00									
数字孪生	0.00	—	20%	0.00									
组织效能	44.00	2	100%	44.00	组织效能	44.00	40%	17.60	人员	58.40	10%	5.84	
人员技能	68.00	3	100%	68.00	人员技能	68.00	60%	40.80					
设备设施	75.00	4	100%	75.00	设备设施	75.00	30%	30.00	资源	68.70	25%	17.18	
网络通信	75.00	4	100%	75.00	网络通信	75.00	30%	22.50					
算力设施	54.00	3	100%	54.00	算力设施	54.00	30%	16.20					

续表

能力子域（能力域）	得分	评级	能力子域权重	能力子域得分	能力域	能力域得分（和）	能力域权重	能力要素得分	能力要素	能力要素得分（和）	能力要素权重	总分	总分（和）
设计规划	30.00	2	30%	9.00	规划建设	40.80	10%	4.08					62.51
采购	66.00	3	30%	19.80									
施工建设	30.00	2	40%	12.00									
计划调度	40.00	3	25%	10.00	生产调度	58.50	40%	23.40	业务	60.63	40%	24.25	
生产作业	70.00	4	25%	17.50									
管道输送	74.00	4	25%	18.50									
能耗管理	50.00	3	25%	12.50									
运行维护	67.00	4	100%	67.00	运行维护	67.00	15%	10.05					
安全环保	60.00	3	100%	60.00	安全环保	60.00	15%	9.00					
应急处置	65.00	4	100%	65.00	应急处置	65.00	10%	6.50					
储库管理	76.00	4	100%	76.00	储运	76.00	10%	7.60					
市场服务	0.00	—	100%	0.00	服务	0.00	0	0.00					

表 5-7　C 作业区评价结果

能力子域（能力域）	得分	评级	能力子域权重	能力子域得分	能力域	能力域得分（和）	能力域权重	能力要素得分	能力要素	能力要素得分（和）	能力要素权重	总分	总分（和）
数据采集	72.00	4	25%	18.00	数据	70.00	50%	35.00					56.77
数据共享	60.00	3	25%	15.00									
数据应用	83.00	4	25%	20.75									
数据质量	65.00	3	25%	16.25									
集成	0.00	—	100%	0.00	集成	0.00	0	0.00					
信息安全	65.00	3	100%	65.00	信息安全	65.00	20%	13.00	技术	58.86	25%	14.72	
云计算	0.00	—	0	0.00	智能技术应用	36.20	30%	10.86					
边缘计算	44.00	3	20%	8.80									
大数据	25.00	24	20%	5.00									
物联网	68.00	3	30%	20.40									
人工智能	0.00	—	20%	0.00									
数字孪生	10.00	1	20%	2.00									
组织效能	37.00	2	100%	37.00	组织效能	37.00	40%	14.80	人员	50.80	10%	5.08	
人员技能	60.00	3	100%	60.00	人员技能	60.00	60%	36.00					
设备设施	66.00	4	100%	66.00	设备设施	66.00	40%	26.40	资源	63.90	25%	15.98	
网络通信	75.00	4	100%	75.00	网络通信	75.00	30%	22.50					
算力设施	50.00	3	100%	50.00	算力设施	50.00	30%	15.00					

第五章 天然气长输管道智能化成熟度评价应用案例

续表

能力子域（能力域）	得分	评级	能力子域权重	能力子域得分	能力域	能力域得分（和）	能力域权重	能力要素得分	能力要素	能力要素得分（和）	能力要素权重	总分	总分（和）
设计规划	25.00	2	30%	7.50	规划建设	34.50	10%	3.45					
采购	58.00	3	30%	17.40									
施工建设	24.00	2	40%	9.60									
计划调度	38.00	3	25%	9.50	生产调度	54.50	40%	21.80	业务	52.50	40%	21.00	56.77
生产作业	75.00	4	25%	18.75									
管道输送	65.00	4	25%	16.25									
能耗管理	40.00	2	25%	10.00									
运行维护	75.00	4	100%	75.00	运行维护	75.00	15%	11.25					
安全环保	60.00	3	100%	60.00	安全环保	60.00	15%	9.00					
应急处置	70.00	4	100%	70.00	应急处置	70.00	10%	7.00					
储库管理	0.00	4	100%	0.00	储运	0.00	10%	0.00					
市场服务	0.00	—	100%	0.00	服务	0.00	0	0.00					

表 5-8 D 作业区评价结果

能力子域（能力域）	得分	评级	能力子域权重	能力子域得分	能力域	能力域得分（和）	能力域权重	能力要素得分	能力要素	能力要素得分（和）	能力要素权重	总分	总分（和）
数据采集	63.00	4	25%	15.75	数据	64.75	50%	32.38	技术	55.88	25%	13.97	61.58
数据共享	60.00	3	25%	15.00									
数据应用	70.00	4	25%	17.50									
数据质量	66.00	3	25%	16.50									
集成	0.00	1	100%	0.00	集成	0.00	0	0.00					
信息安全	65.00	4	100%	65.00	信息安全	65.00	20%	13.00					
云计算	0.00	—	0	0.00	智能技术应用	35.00	30%	10.50					
边缘计算	43.00	3	20%	8.60									
大数据	30.00	2	20%	6.00									
物联网	68.00	4	30%	20.40									
人工智能	0.00	—	20%	0.00									
数字孪生	0.00	1	20%	0.00									
组织效能	60.00	2	100%	60.00	组织效能	60.00	40%	24.00	人员	66.00	10%	6.60	
人员技能	70.00	3	100%	70.00	人员技能	70.00	60%	42.00					
设备设施	80.00	4	100%	80.00	设备设施	80.00	40%	32.00	资源	71.00	25%	17.75	
网络通信	80.00	4	100%	80.00	网络通信	80.00	30%	24.00					
算力设施	50.00	3	100%	50.00	算力设施	50.00	30%	15.00					

第五章 天然气长输管道智能化成熟度评价应用案例

续表

能力子域（能力域）	得分	评级	能力子域权重	能力子域得分	能力域	能力域得分（和）	能力域权重	能力要素得分	能力要素	能力要素得分（和）	能力要素权重	总分	总分（和）
设计规划	26.00	2	30%	7.80	规划建设	37.10	10%	3.71					
采购	51.00	3	30%	15.30									
施工建设	35.00	2	40%	14.00									
计划调度	52.00	3	25%	13.00	生产调度	69.50	40%	27.80	业务	58.16	40%	23.26	61.58
生产作业	82.00	4	25%	20.50									
管道输送	84.00	4	25%	21.00									
能耗管理	60.00	3	25%	15.00									
运行维护	59.00	4	100%	59.00	运行维护	59.00	15%	8.85					
安全环保	72.00	3	100%	72.00	安全环保	72.00	15%	10.80					
应急处置	70.00	4	100%	70.00	应急处置	70.00	10%	7.00					
储库管理	0.00	—	100%	0.00	储运	0.00	10%	0.00					
市场服务	0.00	—	100%	0.00	服务	0.00	0	0.00					

从评价作业区雷达图（图 5-7）中可以看出，调研对象中的四个作业区由于业务领域区别，对于技术要素、业务要素、资源要素以及人员要素中的成熟度分值均有不同。

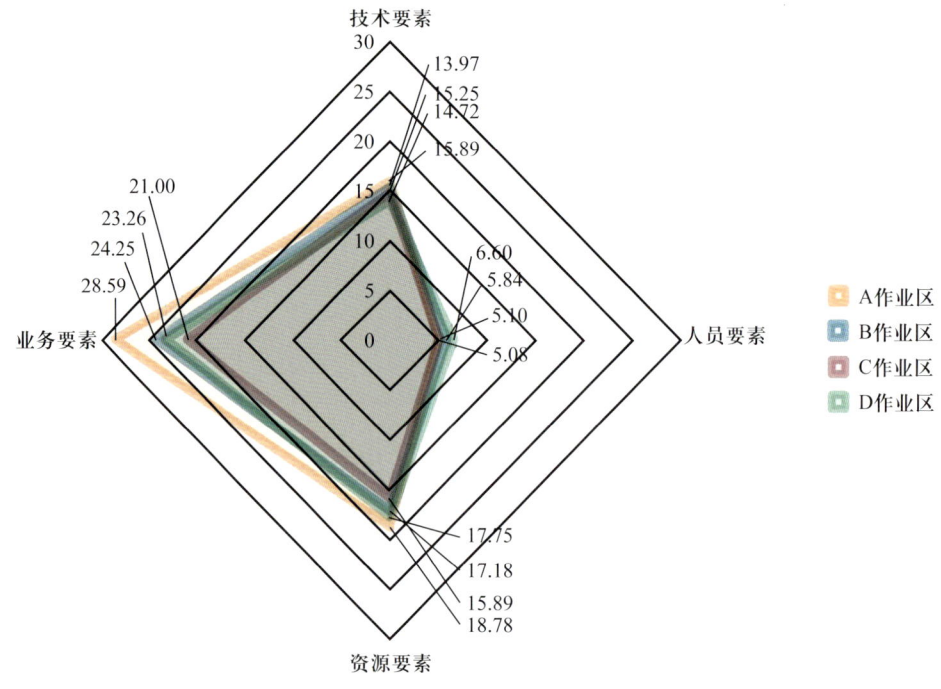

图 5-7　评价作业区雷达图

在技术要素方面，某管道在数据采集、共享、应用已经开展了一部分建设工作，但距离智慧管网要求还存在一定差距，特别是数据共享、数据治理方面急需提升。需要加强管道运营过程数据采集质量管控，充分利用移动应用、物联网、视频监控等技术管控数据质量，确保数据采集的准确性、完整性。此外，对于管道核心基础数据，要安排专人长期从事数据管理工作，制定数据提升方案，开展数据整理、抽查、治理工作。最后建立有效的数据考核制度，不断促进数据质量提升。

目前，作业区由于管网调控系统层级架构的关系，暂时不涉及系统集成的规划、部署等方面的考虑。对于管理系统以及中台的统一决策，均由地区分公司以及总部调控中心制定。各个作业区具备一定的信息安全能力，通过防火墙、隔离网关等形式对生产网络、办公网络进行信息防护。同时根据具体的业务需要，均满足了相应的安全等级保护要求。

作业区的智能化管理系统通过各类技术应用，初步具备了一定的智能化管理手段。在地区分公司层面，各类管道管理子系统通过云架构进行部署和应用，并具备一定大数据分析、治理能力。在作业区层面，已经实现了物联网技术的广泛应用，同时部分物联网终端如智能安防摄像头等已具备了边缘计算、边缘分析的能力。对于人工智能技术以及数字孪生技术的应用，目前整体管段仍处于起步探索阶段。

在组织效能和人员技能要素方面，该管道的各作业区按照公司统一决策安排，大力推动减员增效。通过合理精简岗位职能，同时应用智能化手段加强管道业务管理，实现了组织效能的显著提高。各作业区定期组织具备岗位技能培训及考核，并结合职工图书角等形式，提高职工的岗位幸福感以及职工的技能水平。据统计，目前各个作业区采用的各类管理应用系统数量已达20余个，一方面，上述系统如智能化劳资管理工具、员工在线培训学习管理系统、云平台 vCenter 管理系统等有效提高了管理效率；另一方面，需要通过对管理手段的精简融合，力争通过较少的管理中台实现较高的管理水平。

在资源要素方面，各个作业区的关键设备设施以及网络建设水平都处于较高水平。特别是管段和站场的传感设备以及输油泵机组、压缩机电动机、SCADA 系统和 PLC 系统、传动装置等均为进口。但是该管道 SCADA 系统软、硬件国产化水平较低，信息系统的数据库、中间件等大多采用国外产品和技术，这些都是自主可控发展的"卡脖子"难题，迫切需要解决，因此，为保障生产经营数据的安全，需要加快推进相关国产软件在该管道的广泛应用，提高系统国产化水平。

在业务要素方面，各个作业区的计划调度、生产作业、管道输送管理、能耗管理、运行维护、HSE 管理等均处于较高水平。后续在系统应用方面，应以集团数字平台为基础，根据数据共享和分析应用的需求，提高数据服务开放能力，沉淀共性数据服务，满足横向跨专业、纵向不同岗位角色间的数据共享、分析挖掘和融通需求，提高数据分析能、智能决策水平和可视化程度，满足集团"供应精准匹配、运行智能高效、预测预警可控"的管道智能化运行目标。

第六章
总结与展望

管道为九大国家基础设施网络之一，是国家重要公共基础设施。根据《国家中长期油气管网规划》，到 2025 年我国将新建油气管道高于 10×10^4km，达到 24×10^4km，"提升标准化、智能化水平"将作为下一阶段油气管网重要战略。

国家石油天然气管网集团有限公司提出了打造"智慧互联大管网"的战略目标，通过信息化与工业化深度融合，打造集数字化、网络化、自动化、智能化于一体的智能管道、智慧管网，并依托中缅油气管道、中俄原油管道二线工程、天津 LNG 接收站和大连 LNG 接收站，建立了在役储运设施智能化提升示范工程，智慧管网建设已成为石油天然气输送管道建设的重要内容之一。

目前，智慧管网的理论和技术体系已初步构建完成，结合智慧管网科技攻关和工程实践进展，在统一的智慧管网理论技术体系架构下，从油气长输管道智慧化建设和运营的实需求出发，以成熟度基本理论为抓手，建立智慧油气管网智能化水平的指标体系和评价方法可评价智慧管网主要环节的智能化水平，识别智慧管网建设中的短板，以应用于智慧管道综合和分析的规划、设计和评价工作，该技术方法已经在个别管道进行了实际试点应用，通过评价明确了管道的智能化建设现状和未来改进方向，同时也反辅了评价方法本身的优化改进。

随着智慧管网建设的不断发展，智慧管网评价方法未来研究将更加聚焦智慧管网"安全、高效、价值"的目标，深入契合油气基础设施资产"泛在感知、自适应优化"的特点，融合与实体管网精准映射、同生共长的数字管网的特质，呈现"管网大脑"辅助决策的特征，支持形成对智慧管网智能化水平更加科学、准确、统一的认知，为智慧大管网的创新发展"添砖加瓦"。

附录

附录1 智慧管网成熟度评分指标体系

技术评价要素的成熟度要求见表 A.1。

表 A.1 技术要素指标体系

评价要素	域	子域	评分要求				
			A	B	C	D	E
			评分区间（0~20）	评分区间（0~20）	评分区间（0~20）	评分区间（0~20）	评分区间（0~20）
技术	数据	数据采集	采集业务活动所需的数据	基于二维码、条形码、RFID、现场传感器等手段，实现数据采集	采用传感技术以及PLC、RTU等手段，实现制造关键业务场景数据的自动采集	建立统一的数据编码、数据标准、数据交换格式和规则等，有效整合数据资源	建立完善的数据集成体系和有效的数据治理体系，实现油气管道全流程、全过程的数据自动采集
		数据共享	按照数据需求进行单一业务场景数据开放共享	实现部门级或同一业务领域的数据开放共享	建立有效机制审核数据开放共享需求的合理性，并确保共享数据质量	具备统一的数据开放共享策略，能够实现跨部门或跨业务数据资源整合或共享	能够与产业链形成完善的数据交互体系

– 113 –

续表

评价要素	域	子域	评分要求				
			A 评分区间（0~20）	B 评分区间（0~20）	C 评分区间（0~20）	D 评分区间（0~20）	E 评分区间（0~20）
技术	数据	数据应用	基于工程及生产经验开展数据分析	基于信息系统数据和人工经验开展特定范围数据分析，满足特定范围的数据使用需求	制定数据服务目录，可提供浏览、查询已具备的数据服务。统一数据服务对外提供的方式，规范数据服务状态监控、统计和管理功能	建立常用数据分析模型库，支持业务人员快速进行数据分析及应用	具备各类数据分析模型算法，具备结合生产过程中模型实时优化的能力，能够实现基于数据和模型的精准预测
		数据质量	数据质量进行相关的管理	设计满足需求的数据质量评价指标，并建立数据质量规则库	量化衡量数据质量规则库运行的有效性，持续改善优化数据质量规则库	开展有效的数据治理工作，关键核心数据模型满足数据分析模型需要	数据质量能满足大数据模型分析和业务管理的需要，融入大数据生存周期管理的各个阶段
	集成	集成	建立初步集成框架，相关人员应具备设备、系统间的集成经验	建立集成管理规范体系，包括技术、设备、软件等技术要求	实现部分关键业务信息系统间的集成	通过中间件工具、数据接口、集成平台等方式，实现跨业务系统间的集成	实现感知端、应用端一体化集成，支撑基于数据和知识开展数字化、智能化平台化管理

续表

评价要素	域	子域	评分要求				
			A	B	C	D	E
			评分区间（0~20）	评分区间（0~20）	评分区间（0~20）	评分区间（0~20）	评分区间（0~20）
	信息安全	信息安全	（1）进行信息访问授权和信息安全监控；（2）对出现的信息安全问题可进行分析和管理	（1）部门内部进行了数据利益相关者需求的识别，并进行信息安全访问授权以及信息安全保护；（2）部门内部进行了信息访问，使用等方面的监控，对潜在信息安全风险进行了分析，制定了预防措施	（1）具备完整的数据安全管理的考核指标和考核办法，并定期进行相关的考核；（2）定期开展数据安全相关培训和宣贯，提升相关人员数据安全意识，总结数据安全管理工作评发布报告	（1）对数据生存周期进行安全监控，及时了解可能存在的安全隐患，并建立存在的安全知识库；（2）建立数据脱敏，加密，过滤等技术保证数据的隐私性	（1）具备主动预防数据安全风险的能力；（2）对已发生的数据安全问题可进行溯源和分析
	技术	云计算	能够提供云服务，具备基本的信息保障和相关资源保证的能力	云服务在服务协议规定下应具有较高的可用率，具备较高的可靠性，符合云服务安全合规要求	具备资源弹性扩展机制，能够根据业务变化和负载情况，对计算资源进行弹性伸缩，保证计算性能	具备基于云计算虚拟化技术的大规模分布式计算通用平台，支持大规模机器学习深度学习	根据业务需要，云服务具备提供大规模集群的部署、调度、扩展和管理服务
	智能技术应用	边缘计算	具备边缘数据采集处理能力，支持分布的、跨网络的多源数据接入	（1）具备数据预处理能力，能够进行数据转换、清洗、过滤、压缩、脱敏等，能够降低对通信带宽需求或提高带宽利用率；（2）可按照业务需求，设备分类等对数据进行边缘侧分类处理，实现边缘、低时延、高效率的数据分析	（1）具备边缘优化能力，可以依据场景、知识库，分析结果，参数配置等对数据模型进行优化；（2）具备实时、可视化的数据交互界面，可以进行信息输入输出	具备物理资源支撑能力，能够独立提供边缘计算的算力、存储空间、网络资源	（1）可以进行边缘计算过程控制优化以及应急处理优化；（2）具备边缘控制能力，可以独立按照边缘规则进行边缘侧控制操作

续表

评价要素	域	子域	评价要求				
			A 评分区间（0~20）	B 评分区间（0~20）	C 评分区间（0~20）	D 评分区间（0~20）	E 评分区间（0~20）
技术	智能技术应用	大数据	（1）具备针对性、定制化的数据服务能够明确数据资源的颗粒度到字段级；（2）有效实现库表、文件、流数据等不同数据类型的收集	（1）具备物联、视频等非结构化数据的采集和存储构方案，能遵循统一的数据溯源方式进行数据资源的协调；（2）可支持数据多维度的快速分析及展现，为业务数据提供多元化可视化效果，支持多终端的数据可视化展现，实现内容和规格自适应	（1）具备完善的支撑数据验证、清洗、标准化、格式化、存储和版本管理的方法或工具，能扩展已有的数据集成处理，提供包括关联发现、数据分类等功能的数据整合服务；（2）能够通过信息提取、关联、索引、分析等技术，有效收集数据的价值，将非结构化数据通过关联的方式发挥不同的价值，能够整合和提供统一的服务	建立常用数据分析模型库，支持业务数据人员快速进行多方数据探索和分析。对于高维度、海量数据，能够实现可视化多维分析，具有集成报表、多维分析、数据挖掘、数据等多项功能，对业务人员友好的工具	基于业务或数据驱动，明确大数据的分析与应用的相关策略，能够依据数据分类建立相应的展示和发布策略，满足海量数据实时/准实时展现的速度性能要求
		物联网	开展物联网技术在管道行业应用研究工作	采用物联网技术进行了核心业务数据采集和分析工作，数据采集和处理设备宜提供在线和远程管理等功能	宜提供对系中实体进行远程管理的能力，具备系统设备发现和管理的能力，具备良好的系统鲁棒性，在异常情况时应能确保对系统有效管控	物联网技术在主要业务场景广泛应用，具备基础服务能力，支持异构数据采集技术和安全可靠的一体化的数据存储服务	基于物联网系统能够实现多源数据的融合分析，支持系统间或系统内信息交互能力，通过搭载智能模型，支撑核心业务开展

- 116 -

续表

评价要素	域	子域	评分要求				
			A 评分区间（0~20）	B 评分区间（0~20）	C 评分区间（0~20）	D 评分区间（0~20）	E 评分区间（0~20）
技术	智能技术应用	人工智能	开展了人工智能相关技术的研究和应用工作，针对数据加工处理、模型构建、计算平台建设等方面开展探索研究	具备数据加工能力，对于不同的系统对象和数据具备相应的数据加密和权限管理；具备良好的数据结构化处理和决策能力	具备能够进行复杂任务计算的可扩展通用平台，支持批量计算、流式计算、图计算和机器学习计算等复杂任务	针对核心业务领域，具备全生存周期的机器学习能力，有较好的训练性能，支持多种算法库。具备深度学习框架的兼容性、灵活性、易用性较强	具备较强的人工智能业务服务能力，通过语音、自然语言理解、智能图像视频分析、无人控制系统等技术支撑管网核心业务
		数字孪生	初步建立数字孪生管道，能够实现对于管道、站场主要场景三维展示和可视化分析	能够代替物理管道进行仿真分析，以及业务数据处理	实现对物理管网未运行过程的在线预演和对运行结果的推测	由真实且具有时效性的物理管网相关数据驱动的数字孪生模型的自主构建或动态重构，可同步呈现与物理管网相同的运行状态和过程	实现物理管网和数字孪生模型的自主构建或动态重构，使两者在长时间的运行过程中保持动态一致性
		其他智能技术	开展了相关智能化技术的研究调研，分析了其在油气管道应用可行性	基于科技攻关，开展了相关智能化技术的研究工作，形成了一定的研究成果	相关智能化技术在油气管道开展了应用，取得了一定的应用效果	相关智能化技术基于现场应用基础，形成了可大规模推广应用型做法	相关智能化技术发展成熟，在油气管道上规模应用，有效支撑了业务开展

附录 2 人员评价要素

人员要素指标体系见表 A.2。

表 A.2 人员要素指标体系

评价要素	域	子域	评分要求				
			A 评分区间（0~20）	B 评分区间（0~20）	C 评分区间（0~20）	D 评分区间（0~20）	E 评分区间（0~20）
人员	组织效能	组织效能	制定智能化发展规划，满足自身发展需要	明确智能化发展责任部门和各关键岗位的责任人，并且明确各岗位的职责	基于智能化发展需要，建立优化岗位结构的机制，并定期对岗位结构和岗位职责的适宜性进行评价和优化	基于智能化发展战略，对优化组织结构、技术架构、资源投入、人员配备等进行规划，形成具体的实施计划	对智能化发展战略的执行情况进行监控与评测，并持续优化战略
	人员技能	人员技能	培养或引进智能化发展需要的人员	制定适宜的智能化人才培训体系、绩效考核机制等，及时有效地使员工获取新的技能和资格，以适应企业智能化发展需要	具有掌握IT基础、数据分析信息安全、系统运维、设备维护编程调试等技术的人员；具有智能管话建设统筹规划能力的个人或团队	建立知识管理体系，通过信息技术手段管理人员贡献的知识和经验，并结合智能化建设需求，开展分析和应用。智能化技术实现部分业务的少人操作	建立知识管理平台，实现人员知识、技能、经验的沉淀与传播，实现人员知识、技能和经验数字化。智能化技术与软件实现部分业务的无人操作

附录3 资源评价要素

资源评价要素的成熟度要求见表A.3。

表A.3 资源要素指标体系

评价要素	域	子域	评分要求				
			A 评分区间（0~20）	B 评分区间（0~20）	C 评分区间（0~20）	D 评分区间（0~20）	E 评分区间（0~20）
资源	设备设施	设备设施	关键业务场景采用自动化设备；对关键设备形成数字化技改方案	关键设备（站库、储罐、管道、阀室等）具备自动化状态监控能力	（1）关键设备具有数据管理、模拟加工、图形化编程等人机交互功能； （2）关键工序设备具有三维模型库	（1）关键设备应具有远程监测和远程诊断功能，可实现故障预警； （2）关键设备应有预测性维护功能	（1）关键设备三维模型应集成设备实时运行参数，实现设备与模型间的信息实时互联； （2）关键设备实现基于工业数据分析的自适应、自优化、自控制等
	网络通信	网络通信	实现办公网络覆盖	实现工业控制网络和生产网络覆盖	建立工业控制网络、生产网络和办公网络的防护措施，包括不限于网络安全隔离、授权访问等手段	网络环境，应具备带宽、规模、关键节点的扩展和升级功能	建立基于光纤、5G、卫星、微波等多维度立体化安全稳定的网络环境，保障关键业务数据传输的完整性
	算力设施	算力设施	具备基础算力，能够对关键设备设施运行情况进行管理	应建立完整的基础设施管理规章，有相应人员进行定期管理核查	建立统一的数据中心，支撑核心业务存储和计算	形成分级实施的数字中心和分中心，算力设施满足企业核心需要	能够承载关键建设施的数字孪生模型，可以实现实时监控设施状态，具备支撑海量数据计算能力

附录 4 业务评价要素

业务评价要素的成熟度要求见表 A.4。

表 A.4 业务要素指标体系

评价要素	域	子域	评分要求				
			A 评分区间（0~20）	B 评分区间（0~20）	C 评分区间（0~20）	D 评分区间（0~20）	E 评分区间（0~20）
业务	工程建设	设计	管道建设阶段，建立工艺文档或数据的管理机制，能够对工艺信息进行记录、查阅和执行	管道建设阶段，基于计算机辅助开展设计和优化，实现关键工艺设计信息的重用	通过信息系统实现设计文档或数据的结构化管理，数据共享、版本管理、权限控制和电子审批	实现基于模型的三维设计和优化，并将完整的工艺信息集成于三维模型中；实现基于三维模型的工艺全要素的仿真分析及迭代优化。具备交付数字化设计成果能力	（1）基于设计、建设、生产、运维等数据分析，实时优化模型，构建实时动态优化工艺设计 （2）建立设计云平台，实现产业链跨区域、跨平台的协同设计
		施工建设	记录关键施工环节建设过程信息	具备对施工物料和机具进行自动化管理的能力	根据施工现场关键要素、项目管理业务流程，实现信息化，以提高施工现场的生产效率、安全性、经济性	管道施工现场实现智慧工地，能够对施工全过程信息开展自动采集，具备实时交付数字化施工成果能力	施工现场具备人、机、料、法、环等有机联通的环境，并实现各个业务系统的集成应用和各业务协同。具备施工预测预警模型，建立辅助预测施工进度和优化施工计划能力
	生产运行	生产作业	（1）制定生产作业相关规范，并有效执行； （2）记录关键生产过程信息	（1）通过信息技术手段，实现工艺规程、操作规程、技术标准等管理； （2）通过信息系统记录生产过程数据信息	能够对生产作业计划、生产资源、质量、信息等关键数据的动态监测	构建模型实现生产作业数据的在线分析，优化生产工艺参数（温度、液位、流量、压力、PH值等），设备参数（振动、转速、压力、温度、状态等），生产资源配置等	可实现生产过程自优化、个性化生产的需求性、基于人工智能大数据等技术，实现生产过程非预见性异常的自动调整

续表

评价要素	域	子域	A 评分区间（0~20）	B 评分区间（0~20）	C 评分区间（0~20）	D 评分区间（0~20）	E 评分区间（0~20）
业务	生产运行	管网调控	具备管道输送管理能力，建立过程控制手段	具备信息化手段对管道输送过程进行日常管理	实现核心运行参数的实时采集和集中存储，并实现基于数据的辅助输送调控	（1）建立全面的运行状态感知能力，能够实时获取管道输送全过程数据，且具备数据集中分析能力；（2）可以对管道运行进行仿真模拟，实时统计，调整输送配置计划	能够通过挖掘管网运行大数据，实现异常工况处理以自控系统为主，建立人机结合的管网自适应优化机制
业务	生产运行	能耗管理	建立企业能源管理制度，开展主要能源的数据采集和计量	（1）通过信息技术手段，对生产过程中主要能源的使用、转化开展数据采集和计量；（2）实现重点高能耗设备（如锅炉、压缩机、泵等）动态运行监控	（1）对高能耗设备能耗数据进行统计与分析，制定合理的能耗评价指标；（2）建立能源管理信息系统，对各环节能耗进行全面监控，进行能源使用和生产活动匹配，并实现能源调度优化	（1）建立节能模型，实现能流的精细化和可视化管理；（2）实现能源数据与其他系统数据共享，为业务管理系统和决策支持系统提供能源数据	基于能源监测数据和能耗管理模型，实现能耗的动态预测，并指导生产

续表

评价要素	域	子域	评分要求				
			A 评分区间（0~20）	B 评分区间（0~20）	C 评分区间（0~20）	D 评分区间（0~20）	E 评分区间（0~20）
业务	运行维护	管道线路	建立完整的管道运行维护管理机制，保障管道安全稳定运行	具备专业化的管道完整性管理体系和信息系统，实现核心业务基于信息系统开展	建立一体化油气管道安全状态监测体系，能够实现对管道高后果区、地质灾害区域、高风险区域等实时监测；实现监测数据与其他业务数据共享和融合分析	建立运行维护领域数据分析模型，实现高风险动态评价、重点区域地质灾害一体化监测、综合安全预警与智能巡护、内检测缺陷大数据分析与评价、腐蚀有效性大数据分析	建立管道运行维护领域完备的知识体系和算法模型，运行维护主要业务实现基于知识库和模型库的智能化辅助决策
		站场设备	建立站场设备运行维护管理机制，保障设备安全稳定运行	基于信息系统实现站场储罐、压缩机组、泵机组、阀门等运维维护工作	具备采用智能化手段，对储罐、压缩机组、泵机组、阀门等核心设备状态进行实时监测，状态异常可自动报警	实现站场关键参数的自动化监控，实现关键设备的远程监测、诊断与状态评价	根据储罐、压缩机组、泵机组、阀门等实时状态数据进行趋势预测，结合知识库和模型库自动给出纠正和预防措施

— 122 —

续表

评价要素	域	子域	评评要求				
			A 评分区间（0~20）	B 评分区间（0~20）	C 评分区间（0~20）	D 评分区间（0~20）	E 评分区间（0~20）
业务	安全环保	安全环保	建立环境、职业健康安全管理体系，包含手册、程序、制度及相关操作规程等	（1）通过信息技术手段对职业健康安全的风险点进行管控；（2）通过信息技术手段实现对生产过程废气、废水、噪声等的数据采集和存储	（1）建立油气管道行业法律、法规、标准、风险等知识库，实现现场作业终端应用定位跟踪等方法，强化现场安全管控；（2）实现全过程环保数据的采集、实时监控及报警，并开展可视化分析	（1）基于安全作业、风险管控等数据的分析，实现危险源的动态识别、评审和治理；（2）实现环保监测数据的集成和生产作业数据的应用，建立数据分析模型，开展碳排放分析及预测预警	（1）综合应用知识库及大数据分析技术，实现生产、环保、安全一体化管理；（2）实现数据、生产、设备等数据的全面实时监控，应用数据分析模型，预测生产排放自动提供优化方案
业务	应急处置	应急处置	建立应急响应管理机制，及时处理突发事件	（1）可对应急资源自动标注并进行联动；（2）建立应急指挥中心，实现远程应急指挥	（1）具备系统风险仿真，远程指挥应急处置能力；（2）建立基于物联网的应急资源共享平台，提升紧急情况下应急资源调配敏捷性	（1）应构建案例库、应急演练情景库、应急处置预案库等；（2）可对应急现场进行监控，具备三维事故模拟技术，基于现场数据实现事故发展趋势的模拟推演	基于大数据、区块链等技术实现应急全过程数据共享，实现基于知识库和模型库的应急处置方案推送

续表

评价要素	域	子域	评分要求				
			A 评分区间（0~20）	B 评分区间（0~20）	C 评分区间（0~20）	D 评分区间（0~20）	E 评分区间（0~20）
业务	物资采购	物资采购	（1）根据物资需求和库存制定采购计划；（2）建立合格供应商机制，并有效执行	（1）通过信息技术手段，实现供应商的寻源、评价和确认；（2）实现对采购订单、采购合同和供应商等信息化管理	通过信息系统开展供应商的供应、响应、交付、成本等要素进行量化评价	基于采购等数据，消耗和库存等数据，建立采购风险模型，实时监控预警，实时监控采购风险及提供优化方案	通过与供应商的销售系统集成，实现协同供应链，实现企业与供应商在设计、生产、质量、库存、物流的协同，并实时监控采购变化风险，自动做出反馈和调整
	市场服务	市场服务	对客户服务信息进行统计，并反馈给生产、销售部门	通过信息系统编制市场开发计划和销售计划，实现市场开发计划、销售计划、订单、销售历史数据等的管理	具备客户服务信息数据库及客户服务知识库，实现与客户关系管理系统的集成	通过对客户信息的挖掘、分析，优化客户需求预测模型，制定精准的市场开发计划和销售计划	通过人工智能、虚拟现实等技术实现客户交互、智能客户管理，并通过多维度的数据挖掘，进行自学习、自优化，实现智能客户管理

— 124 —

参 考 文 献

［1］刘硕，杨玉锋，李莉，等.一种基于成熟度的油气管道智能化水平评价方法：CN118071192A［P］.2024-05-24.

［2］薛鲁宁，李莉，陈钻，等.智慧管网对标策略研究［J］.标准科学，2024（4）：21-25.

［3］冯庆善.智能油气管网系统建设与运行方法论研究［J］.油气储运，2024，43（8）：841-854.

［4］税碧垣.智慧管网总体架构与发展策略思考［J］.油气储运，2020，39（11）：1201-1218.

［5］李天慈，赖贞，陈立群，等.2020年中国智能物联网（AIOT）白皮书［J］.互联网经济，2020（3）：90-97.

［6］刘文峰.智能建造关键技术体系研究［J］.建设科技，2020（24）：72-77.

［7］余文科，程媛，李芳，等.物联网技术发展分析与建议［J］.物联网学报，2020，4（4）：105-109.

［8］蔡宏.关于大数据系统架构分析及技术发展探讨［J］.电脑知识与技术，2020，16（10）：1-3.

［9］罗军舟，金嘉晖，宋爱波，等.云计算：体系架构与关键技术［J］.通信学报，2011，32（7）：3-21.

［10］王文婧.移动云计算的QoE评价与优化研究［D］.北京：北京邮电大学，2013.

［11］卢立蕾.云计算环境中SaaS服务可信性评价研究［D］.北京：北京邮电大学，2021.

［12］黄云.基于QoS的云服务评价模型及应用的研究［D］.杭州：浙江工商大学，2013.

［13］陈阳，张妮，张鼎.我国电子政务云平台发展现状评价指标体系初研及应用［J］.电子政务，2017（2）：96-105.

［14］许尔旭.基于改进TOPSIS的云服务评价研究与应用［D］.北京：中国矿业大学，2019.

［15］陶永，蒋昕昊，刘默，等.智能制造和工业互联网融合发展初探［J］.中国工程科学，2020，22（4）：24-33.

［16］张辰源，陶飞.数字孪生模型评价指标体系［J］.计算机集成制造系统，2021，27（8）：2171-2186.

［17］GB/T 39116—2020.智能制造能力成熟度模型［S］.

［18］GB/T 39117—2020.智能制造能力成熟度评估方法［S］.

［19］王玉梅，张晓炜.智能经济下我国制造业智能制造能力成熟度指标体系研究［J］.科学决策，2021（11）：118-132.

［20］高亮，吉敏，杨敬辉.中小企业智能制造能力成熟度模型［J］.科技管理研究，2022，42（6）：36-42.

［21］吉峰，贾学迪，程贵晴.智能制造能力成熟度研究综述［J］现代工业经济和信息化，

2021，11（6）：1-4，49.

[22] 赵波，郭楠，胡静宜，等. 智能制造能力成熟度模型白皮书［R］. 北京：中国电子技术标准化研究院，2016-09-20.

[23] 中国电子技术标准化研究院. 智能制造：如何评价企业的智能制造能力成熟度［J］. 智能制造，2019（Z1）：24-29.

[24] 尹翠芝，文瑛. 基于成熟度模型的智能制造能力评价研究［J］. 商业研究，2021（19）：34-36.

[25] 蒋天宁. 石化行业智能工厂能力成熟度评价研究［D］. 哈尔滨：东北林业大学，2021.

[26] 苏青福，刘双虎，董方岐，等. 汽车行业智能制造能力成熟度评估指标研究［J］. 标准化研究，2021（Z1）：37-43.

[27] 任俊飞，吴立辉，鱼鹏飞，等. 机械制造企业智能制造能力成熟度评价研究［J］. 科技创新与应用，2020（2）：55-57.

[28] 陈强，陈彬. 中国石油化工股份有限公司镇海炼化分公司智能制造能力成熟度研究［J］. 智能制造，2021（1）：110-116.

[29] 王文广，苏仲洋. 智慧城市与基础设施智能化管理［J］. 智慧城市，2017（5）：33-36.

[30] 阮积贤. 成熟度模型在市政路桥设施维护管理质量评价中的应用［J］. 城市道桥与防洪，2022（6）：224-227，26.

[31] 唐怀坤，周斌，张海峰. 新型智慧城市标准体系与建设成效评估方法研究［J］. 中国工程咨询，2021（8）：66-70.

[32] 刘文，邵泽华，李赟，等. 智慧城市成熟度模型及评估方法研究［J］. 智慧城市标准化专题，2020（7）：17-21.

[33] 姜军，孙优宁，万冬君. 公众视角下智慧城市建设成熟度评价体系构建［J］. 北京建筑大学学报，2019，35（2）：7-15.

[34] 罗双玲，夏昊翔. 基于能力成熟度视角对智慧城市评价的思考［J］. 科研管理，2018，39（S1）：278-283.

[35] 刘泽鑫. 基于成熟度模型的智慧城市建设水平评价研究［D］. 沈阳：沈阳建筑大学，2020.

[36] 刘棠丽，张红卫，张大鹏，等. 新型智慧城市评价指标体系研究［J］. 大众标准化，2018（9）：12-15.

[37] 廖世菊. 智慧城市发展水平评价及差异比较［D］. 重庆：重庆大学，2016.

[38] 杨凯瑞. 智慧城市评价研究：投入—产出视角［D］. 武汉：华中科技大学，2015.

[39] 张梅燕. 智慧城市成熟度评估系统的构建基础和原则［J］. 经济导刊，2012（3）：56-57.

[40] 赵鹏，蒲天骄，王新迎，等. 面向能源互联网数字孪生的电力物联网关键技术及展望

[J]. 中国电机工程学报, 2022, 42（2）: 447-458.

[41] 魏训虎. 基于电力物联网的智慧物联体系框架探讨[J]. 科技创新与应用, 2022, 12（4）: 33-35.

[42] 王双双. 基于 GABP 神经网络的智能变电站成熟度模型构建及评价研究[D]. 郑州: 郑州大学, 2020.

[43] 赵良, 李立理, 何博, 等. 适合我国国情的智能电网评价指标体系及计算方法[J]. 电网技术, 2015, 39（12）: 3520-3528.

[44] 刘艳丽, 李晓君, 齐文瑾, 等. 基于 TRL 的智能电网技术成熟度评估[J]. 电力系统及其自动化学报, 2017, 29（3）: 1-6.

[45] 蔡子龙, 束洪春. 智能电网 IT 能力成熟度模型及其模糊综合评价研究[J]. 昆明理工大学学报(自然科学版), 2013, 38（6）: 68-73.

[46] 张海瑞. 智能电网综合评价方法研究[D]. 上海: 上海交通大学, 2012.

[47] 葛毅, 何悦, 谈健, 等. 智能电网产业成熟度标准评估模型与方法探究[J]. 智能电网, 2017.09.5（9）

[48] 孙蕾. 智能电网管理评价指标体系与多属性分析模型研究[D]. 北京: 华北电力大学, 2015.

[49] 孙强, 葛旭波, 刘林, 等. 国内外智能电网评价体系对比分析[J]. 电力系统及其自动化学报, 2011, 23（6）: 105-110.

[50] 石雪靖. 能源互联网技术成熟度等级评估[J]. 电力系统及其自动化学报, 2020, 32（3）: 129-134.

[51] 刘艳丽, 李晓君, 齐文瑾, 等. 基于成熟度的智能电网综合评估模型及其软件[J]. 电力系统及其自动化学报, 2017, 29（1）: 7-12, 57.

[52] 梁昆, 黄凯, 李欣, 等. 世界一流城市配电网建设及成熟度评价模型研究[J]. 电气时代, 2018（3）: 20-23.